金牌烤箱料理

[韩]李美敬 著
朴妍丹 译

辽宁科学技术出版社
沈 阳

图书在版编目（CIP）数据

金牌烤箱料理 /（韩）李美敬著；朴妍丹译. —沈阳：辽宁科学技术出版社，2015.7
ISBN 978-7-5381-9165-3

Ⅰ. ①金… Ⅱ.①李… ②朴… Ⅲ.①电烤箱—菜谱 Ⅳ. ①TS972.129.2

中国版本图书馆CIP数据核字（2015）第055383号

出版发行：辽宁科学技术出版社
（地址：沈阳市和平区十一纬路29号 邮编：110003）
印 刷 者：辽宁泰阳广告彩色印刷有限公司
经 销 者：各地新华书店
幅面尺寸：170mm × 240mm
印 张：11.25
字 数：150 千字
出版时间：2015 年 7 月第 1 版
印刷时间：2015 年 7 月第 1 次印刷
责任编辑：朴海玉
封面设计：袁 舒
版式设计：袁 舒
责任校对：尹 昭

书 号：ISBN 978-7-5381-9165-3
定 价：39.80 元

投稿热线：024-23284367 hannah1004@sina.cn
邮购热线：024-23284502

烤箱料理指导

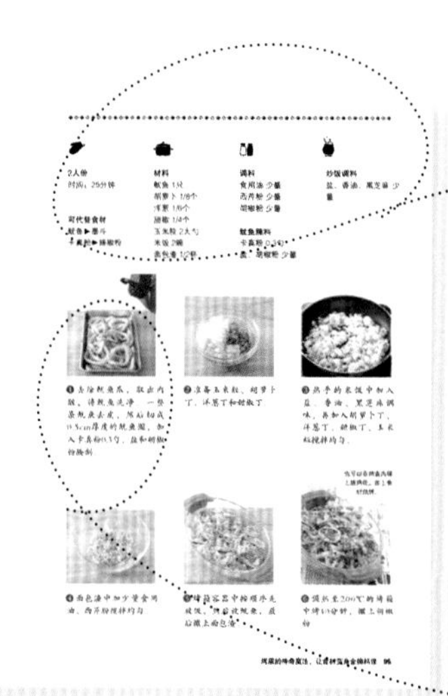

❶烤箱制作的大部分料理，制作过程中用到的计量方法是用勺子和纸杯，详见12页。

❷书中标有可代替食材，不仅可以用菜谱中指定的食材，也可以用代替的食材，因此扩大了食材选择的范围。

❸食谱中，每一个步骤又一次详细介绍了调料的用量。

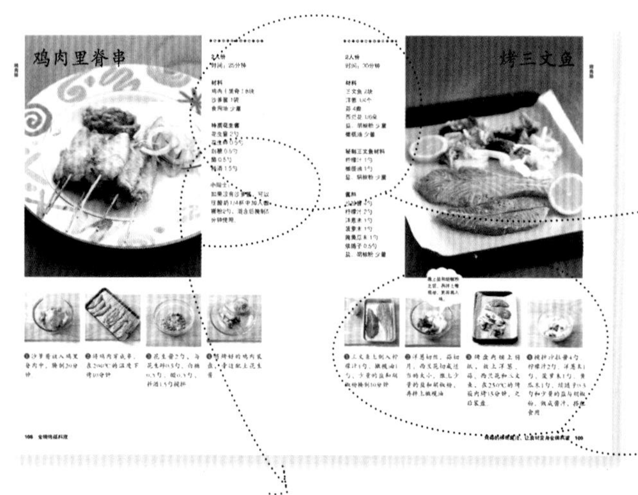

❺为了便于读者参考，作者将所有的食材罗列出来。

❻将制作过程控制在4~6个步骤，图文详细，便于读者轻松完成烤箱料理。

❹小贴士中与大家分享了专业烤箱料理师的经验。

Contents

目录

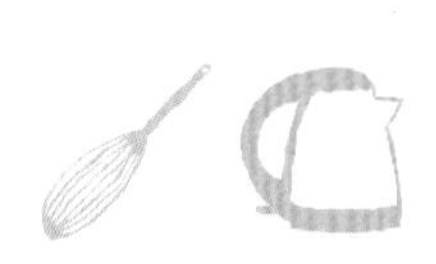

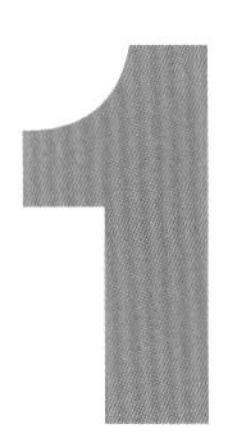

用烤箱做出可口家常菜

烤箱的神奇魔法，让食材变身金牌料理

Special Recipes

百变烤箱的活用食谱

烤箱不仅仅可以做面包，而且还可以制作美味的家常菜。

做出来的菜不仅色香味俱全，而且营养丰富。

在开始使用烤箱前，首先让我们了解一下烤箱，以此来消除我们对烤箱操作既难又复杂的误解。

知己知彼，百战不殆！

了解烤箱的所有功能，并将之运用到我们的开心烘焙时光中。

烤箱小常识

调料的计量方法

（用勺子和纸杯的简单计量）

粉状食材的计量方法

盐、白糖、辣椒面、胡椒粉、芝麻……

1勺：抹平顶部的满满一饭勺的量。

0.5勺：半勺的量。

0.3勺：1/3勺的量。

液体食材的计量方法

酱油、醋、料酒……

1勺：满满一饭勺的量。

0.5勺：半勺的量。

0.3勺：1/3勺的量。

酱类食材的计量方法

辣椒酱、大酱……

1勺：抹平顶部的满满一勺的量。

0.5勺：半勺的量。

0.3勺：1/3勺的量。

液体食材的纸杯计量方法

1杯：满满一杯的量，约小于200mL。

1/2杯：稍微高于纸杯的中间部位。

小贴士

1瓣蒜的蒜泥=0.5勺

1/4葱的葱末=2勺

1/4洋葱的洋葱末=4勺

食材的估算计量方法

主要食材约100g

肉眼可以估算出食材100g的量，就无须用秤去计量，便于操作。这里简单介绍一下经常用到的食材100g的估量。

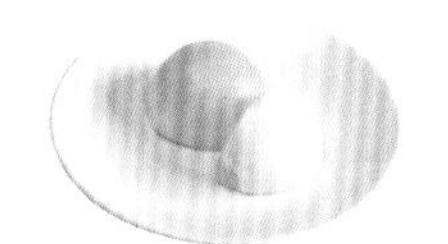

洋葱
小的3/4个

萝卜
直径 9cm，长度3cm，半圆形 1块

豆腐
6cm×5cm×3cm

土豆
小的1个

黄瓜
小的1/2

口蘑
6个

西葫芦
1/3个

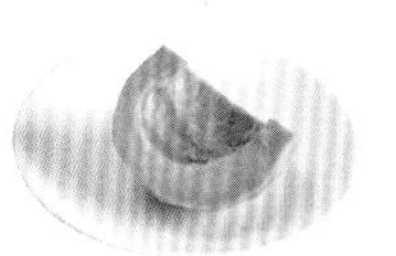

南瓜
1/4个

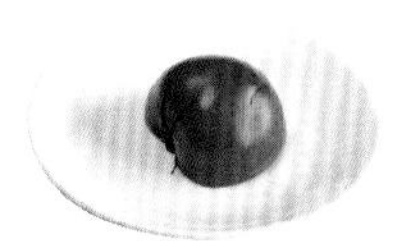

西红柿
大的1/2个

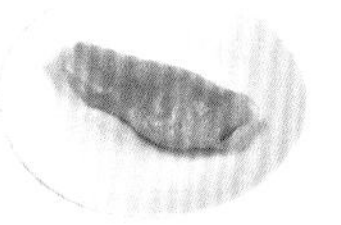

鸡胸脯肉
1块

胡萝卜
中的 1/2个

西兰花
小朵7朵

一个鸡蛋的重量为40～70g，书中鸡蛋按照个数标计。

喜欢烤箱的十大理由

1. 烤出来的料理更健康。

与烹炒或油炸的制作方式不同，烤箱烘烤所需的香辛料与盐的用量较少，可以保持食材原有的味道与营养，因此烤箱做菜更健康。

2. 烤箱不会挑剔食材的好与坏。

如果能够充分利用烤箱的多种功能，最为受益的就是肉类食材。根据火势的大小与操作时间的长短，与其他方式做出来的肉相比较，口感相差极大。烤箱在制作过程中可以保持恒温，无论什么食材都可以实现其鲜美而又嫩滑的口感，因此烤箱不会挑剔食材的好与坏。

3. 烤箱多重功能的亮丽升级。

最近市面上最为畅销的是多功能烤箱，具有微波炉、面包与清曲酱（黄豆酱）及米露的发酵机、食品干燥器及杀菌等多种功能。换句话说，拥有一台多功能烤箱，可以更加充分利用厨房的有限空间。

4. 制作过程简单，只要做好前期准备，一台烤箱就会帮你完成其余全部的工作。

简单的蔬菜清洗、基本的肉类腌制、海鲜类清洗与腌制后，将食材放入烤箱，按下操作按钮即可完成。

5. 无须看守烘烤过程。

用煎锅或者汤锅做菜的时候，因为是直火烹饪，制作过程中需要人为地调节火候，或者给食材翻面。因此传统的烹饪过程，需要有人看守，然而烤箱属于间接的热源，因此操作过程无须看守。

6.可同时完成多款美食的制作。

如果烤箱内部空间大，可以同时放多个烤箱容器，或者多个单人份套餐，可在同一时间完成多款美食的制作。

7. 繁忙的工薪族与在职妈妈的好帮手。

前一天晚上可以先准备好食材，放到冰箱里，第二天早上放进烤箱，就可以做成营养美味的丰盛早餐。

8. 自己也可以做出派对大餐。

烤箱可以同时完成多个料理，所以再也不用担心派对大餐了。而且，食材放入烤箱后，就可以准备餐具，迎客，因此还可以节约时间。

9. 夏天，烤箱显得更亲切。

炎炎的夏日，还在炉灶前汗流浃背地忙碌着吗？用烤箱做菜，夏天做菜变得更加轻松。

10. 烤箱菜也可以送给好朋友一同分享。

香甜的甜点、美味的肉脯、香浓的酸奶都可作为礼物送给亲朋好友，烤箱可以做出情意浓浓的美食礼物。

烤箱的种类与使用方法

家庭中使用的烤箱大体可分为3类，分别为燃气烤箱、电烤箱与迷你烤箱。燃气烤箱基本都是嵌入式的烤箱。电烤箱可又细分为蒸汽式烤箱、光波烤箱、多功能电烤箱。近几年，体积小、价格低廉的迷你烤箱深受消费者喜欢。以下简单地整理了不同烤箱的特点，并与大家分享使用的经验。

燃气烤箱

将食材密封后加热，用干热火烘烤食材。点燃燃气热源，只点燃烤箱下端的燃气烤炉，预热烤箱内部空气。燃气烤箱大多都是燃气灶与烤箱二合一的一体机。燃气烤箱可分为自然对流式与热风循环式，烤箱内部的后侧装置了一个风扇，强制性地将烤箱内部的热气旋转，使热气对流，有助于热气在烤箱内部的分散，使食材更快速地完成烘烤，而且受热均匀，不过其缺点在于容易将食材烘烤得过干。

燃气烤箱内部空间大，可以单次放入多款菜品。然而过大的内部空间也意味着需要更长的预热时间，而且由于热源主要来自于烤箱底部，所以也会出现底部温度过高，底部与上部温差大的现象。需要用高温（230～250℃）烘烤的食材，如肉类，可将烤架放置在烤箱的下端，而低温（180～200℃）烘烤的食材，如甜点，则可放置在烤箱的上端。在200～220℃温度区间烘烤的奶油焗蔬菜或其他料理，可放置在烤箱的中间部位。如果有单独的炉灶，可以同时使用烤箱与炉灶。内部容量：50～60L。

电烤箱

烤箱内部有加热器和风扇，可迅速升温，无须预热。但是电烤箱的门是由玻璃制成，所以在烹饪过程中或烹饪结束后玻璃温度较高，因此不要给烤箱盖上防尘罩。电烤箱又可细分为蒸汽式烤箱、光波烤箱、多功能电烤箱等多个品种。蒸汽式烤箱可以将加热至高温的蒸汽转换成热源，利用高温的细小蒸汽包裹整个食材，均匀地将热量传递到食材的内部，可减少脂肪与盐度，保存原有的营养成分。需要用蒸汽烤箱的菜品有棒面包、芝麻面包、奶油泡芙，还有外焦里嫩的肉类食品，如烤鸡腿、烤牛排。也适用于涂抹辣椒酱或其他调料的菜品。蒸汽式烤箱中也涵盖烤箱的基本功能，因此可以根据不同的用途需要，选择指定的功能。在使用蒸汽式烤箱前，首先确认蒸汽口，可将食材放入烤箱盘中烘烤。光波烤箱是运用大量的电磁波烘烤食材，光热可以渗透到食材的最深层，可同时对食材的内外同时烘烤。光波烤箱的缺点是，由于无法调整光波的强度，因此靠近热源的部分，烤出来的颜色会更深一些。多功能烤箱的自动搭配组合可同时启动烤箱与微波炉的功能，减少烘烤时间，运用此功能时，需要注意温度、烘烤时间与功能的组合。

内部容量：30～35L。

迷你烤箱

迷你烤箱是电烤箱的一种，因为体积小，便于移动，操作方法简单，广泛应用在家庭烘焙中。然而缺点在于烤箱外壳容易过热，且内部清洗比较难。内部容量小，无须预热。放入或者取出烤箱容器时，需要戴上厨房用手套，且应注意烤箱内部的电热线。挑选的过程中，可以选择外观看起来小巧且内部空间大的烤箱。

内部容量：20～25L。

烤箱料理制作技巧

如果要用烤箱烤出美味的佳肴，首先就要掌握一些使用烤箱的技巧。先让我们了解一下不同种类烤箱的特点、功能以及优缺点。首先我们要区分需要烤前预热烤箱的食材，与无须预热的食材。在烘烤时，尽可能将食材的大小统一，保证食材间的间隔，充分利用烤箱上端与下端的空间，还要学会使用烤盘的一些小技巧。

1. 烤箱预热

预热是指放入食材前，先将烤箱内的温度调到烘烤时所需温度，再加热一段时间。烤面包、曲奇或者海鲜、肉类的食材时，先将烤箱预热，通过短时间的高温迅速烘烤，做出来的料理就更加美味。

正如我们预热煎锅一样，烤箱也需要预热。烘焙蛋糕、甜点需要预热，然而一些肉类食材无须预热。在使用燃气烤箱时，根据食材的所需温度，预热8～10分钟，电烤箱根据食材所需温度预热7～8分钟。预热时无须将烤盘放进烤箱内。

2. 烤箱热源分布

每款烤箱内导热线的分布不同，越靠近导热线的部分，烤出来的颜色会越好看。因此烤蛋糕、饼干或者烤鱼等对颜色或者食材的口感有特殊要求的，可以放到烤箱的上端。像肉类食材，肉块大，需要较长烘烤时间的食材应放在烤箱的下端。

3. 烤箱内的上层与下层

如果一次性需要烤出大量的食材，就要同时放进2个烤盘，烘烤时间过了2/3后，需要将上下层烤盘的位置调换。

4. 食材大小需要统一

烤箱内循环的热源，可以均匀地作用在食材上。因此食材大小最好统一。烘焙的时候，根据烤箱内部不同的位置，曲奇或者松饼的颜色会有区别，因此需要在烘烤的过程中调换烤盘的位置。

5. 烤箱手套

由于烤盘在烤箱内长时间烘烤，因此必须要戴上烤箱手套拿出烤盘，如果烘烤的食材比较重，需要两手都戴上手套，双手拿出烤盘。如果不用烤箱手套，而是用湿的百洁布，因为热传递较快，可能出现烫伤的情况，需要注意。

6. 活用烤盘

烤箱是通过间接的热源循环实现烘烤，因此一定要使用烤盘，将食材放到烤盘上，保证热源的循环。

7. 烘烤的过程中禁止开烤箱门

烘烤的过程中不要打开烤箱的门，如果烤箱内部的温度突然下降，会影响食材的口感，尤其是在烤面包或者曲奇的过程中，如果打开烤箱的门，还会影响到其形状。

8. 烤箱容器

食材不能偏于一侧，应将食材放入烤箱容器的中间部位。

烤箱中使用的容器

在使用烤箱时，应选择烤箱专用容器。在挑选烤箱容器时，应挑选面积大，而且浅的容器，而不应该选窄而深的容器。在制作烤箱料理时需要选择耐高温的玻璃或瓷器，然而用烤箱烘焙蛋糕时，应选择热传递性好的金属容器。经常会用到的烤箱容器最好单独保管。

烤箱中可以使用的容器

耐热玻璃

容器底部标注烤箱（oven）或者标注（borosilicate），急速的温度变化对耐热玻璃的破坏性大，因此应避免将烤热的耐热玻璃容器直接放入凉水中，否则会出现炸裂现象。耐热玻璃容器在清洗时，不能用钢丝球，应该用海绵材质的百洁布清洗。

陶瓷与耐热瓷器

可以使用石锅或耐热瓷器，不过使用釉层处理过的容器烘烤时，会出现绷瓷的现象。

金属材质容器与制作面包、饼干的模具

此类容器没有木质或塑料材质的手柄，如果容器质地薄，会容易出现变形的现象。

锡纸与烧烤纸

锡纸、烧烤纸、吸油纸、一次性的锡纸盘子、锡纸餐盒都可以在烤箱内使用。

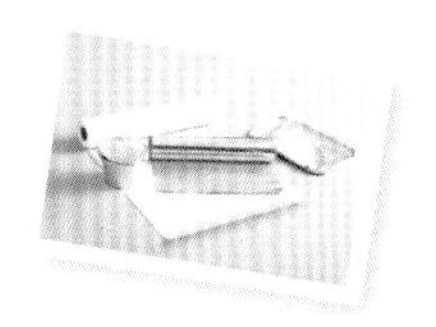

烤箱中不可以使用的容器

强化玻璃与一般玻璃

强化玻璃抵抗外部冲击比较强，不过不能承受高温，因此不得在烤箱内使用。此类容器可用在温度较低的发酵或者晾干时使用。

木质类容器

烤箱内温度高，此类容器容易变形。

釉层处理的瓷器

此类容器在烤箱里烘烤后会出现绷瓷现象，因此应避免使用此类容器。

带塑料手柄的铁锅

铁锅可以在烤箱中使用，不过有塑料手柄的铁锅就不能在烤箱内使用。

塑料袋与保险膜

塑料袋与保险膜在高温烘烤时会烤焦，因此绝对不能使用。

▶ TIP 烤箱的清洁方法

烤制海鲜或肉类食材后，烤箱内会有残留的味道，因此完成烤制后，在烤箱内部还有余温时，用湿抹布简单擦拭。如果用上烘焙苏打将更便于清理。

Q&A
烤箱应该怎么用?

Question 01 家里有一台嵌入式的烤箱，已经有1年多没用了。长时间没使用过的烤箱应该怎么清洗？再次使用时应注意哪些事项?

Answer 用湿抹布擦拭烤箱内部，然后在不放入任何食材的情况下，用200℃的高温烘烤10～15分钟。

Question 02 书中写到烘烤面包或曲奇时需要预热。例如“在预热至230℃的烤箱中烘烤15分钟”，应该如何预热。

Answer 预热的过程是指放入食材前将烤箱内部的温度提前加热到指定的温度。先将温度调到230℃，烘烤10～15分钟，进行预热。根据不同温度，预热时间也会有区别，因此可以使用烤箱中的预热功能，完成预热后烤箱将自动提示。

Question 03 如果用煎锅煎鱼，满屋子都是鱼的腥味，因此会经常用烤箱烤鱼。烘烤海鲜后烤箱内会残留鱼的味道，应该怎样去除残留的气味呢?

Answer 烘烤鱼时出现强烈的气味是因为加热过的油。烘烤完成后，在烤箱内部温度降到常温前，在抹布上抹上小苏达，擦拭烤箱的内部，或者根据烤箱的功能，用清洁功能和干燥功能去除残留的气味。

Question 04 最近市面上有多功能烤箱，如配有松饼机、微波炉、食品干燥机、发酵机等多种功能。应该买具有哪些功能的烤箱呢?

Answer 首先需要确认家里有哪些厨房电器，再去选择烤箱的功能。如果家里没有食品干燥机、微波炉或者发酵机，就可以考虑买多功能烤箱，不过如果家里有这些厨房电器，就可以买只有单一烘烤功能的烤箱。

Question 05 最近听说蒸汽式烤箱可以做出低卡路里、低盐、保存维生素的养生菜。请问蒸汽式烤箱有哪些功能呢?

Answer 蒸汽式烤箱是在高温的状态下喷射蒸汽，可以做出外焦里嫩的美食。如果经常做调料较多的菜、烤鱼、烤鸡，建议购买蒸汽式烤箱。

Question 06 因为烤箱是发热的电器，因此烤箱放置的位置也很重要。但是因为自家厨房内部空间小，所以想将烤箱与微波炉、电饭煲放在一起。这样可行吗?

Answer 烤箱也像冰箱一样，在后侧发热，因此后侧应保留10cm的散热空间。上面与两侧也尽量保留一定的空间（后侧与左右两侧均为10cm，上侧保留20cm以上）。也有人会问能不能将烤箱放入存放微波炉和电饭锅的柜子内，或者餐桌上，如果柜子和餐桌的材质不是耐热材质就不要放。还有应避免放在人造大理石、塑料、玻璃上面，应选择平滑的地方。

Question 07 光波烤箱内的红外线有助于食材均匀地受热，尤其是肉类与海鲜食材。不同的烤箱会根据自身的特点擅长烤特定的食材么?

Answer 光波烤箱擅长烤肉类或海鲜类的食材，蒸汽式烤箱擅长烤外焦里嫩的烘焙或外表涂大量调料的料理。

Question 08 建议在烤盘上铺一张烧烤纸或锡纸，那是为什么呢?

Answer 不是必须要在烤盘中铺一张烧烤纸或锡纸，只是如果在烤盘中铺一张烧烤纸或锡纸，在完成烘烤后便于清理。

Question 09 用烤箱烤鱼的时候，鱼的皮容易脱落，怎样能保证鱼的完整性呢?

Answer 在烤箱中烘烤鱼的时候，即便不去翻面，也可以从内而外的烤熟。不过如果想将鱼的双面都烤得香脆，最好适当地翻面。鱼肉在开始熟的过程最嫩，因此要等到鱼完全烤熟后翻面，才能保证鱼外观的完整性。油脂比较丰富的鲅鱼，秋刀鱼还比较容易保存鱼外观的完整性，不过像刀鱼或黄花鱼肉质比较嫩的鱼类，需要在烤架上涂抹一些食用油，这样就不容易将鱼表面的皮破坏。

Question 10 为了制作美味的烤箱料理需要记住所有食材的烘烤温度和时间，难道每次制作时都要去确认吗? 有没有简单的方法记住烘烤的温度和时间呢?

Answer 烘焙类大都是在180～200℃之间烘烤，如曲奇或者松饼会根据大小，其烘烤时间与温度也会有区别，可以在烘烤时查看颜色，调整烘烤的温度。肉类或海鲜类多是在220～250℃的高温下烘烤才容易熟。其他的食材，如果在200～220℃之间烘烤，不会出现烤焦或者过火的情况，可以在烘烤的过程中查看食材的状态，调整时间。好多烤箱都有自动功能，如果可以灵活运用烤箱的自动功能，就没有必要特意地记住烤箱的温度和时间。

用烤箱做出可口家常菜

现在有人认为烤箱只是用来烤面包、蛋糕的，
甚至有些人将烤箱作为橱柜，
放杂七杂八的厨房用具。
其实烤箱的功能很丰富，不仅可以做饭，
而且还能做出美味的菜肴。
现在就带大家去领略一下烤箱的美妙世界。

营养健康的杂粮饭

◆◇◆◇◆◇◆◇◆◇◆◇◆

2人份
时间：30分钟

食材
黑豆 1勺
水 $1\frac{1}{2}$杯
大米 1杯
高粱米 1勺
小米 1勺

可代替食材
大米▶糯米

小贴士：

烘烤的时候如果加入热水会缩短时间。可以根据人数，选择适当的容器。

❶黑豆洗好，放入$1\frac{1}{2}$杯的水中浸泡30分钟，然后将黑豆取出，浸泡过的水要保留。

❷大米、高粱米、小米洗净，在清水中浸泡20分钟。

也可以用石锅。

❸容器中加入大米、高粱米、小米、黑豆，再倒入$1\frac{1}{5}$浸泡过黑豆的水，盖上盖子或锡纸。

❹烤箱预热至250℃，将容器放在烤盘上，烤盘放置在烤箱的底端。

◆◇◆◇◆◇◆◇◆◇◆◇◆

2人份
时间：30分钟

食材
南瓜 1个
板栗 3粒
大枣 2颗
粳米 1/2杯
糯米 1/2杯
黑米 1杯
松仁 1勺
盐 少许
水 1杯

可代替食材
板栗▶地瓜、山药

❶南瓜洗净，切成两瓣，取出子。板栗切块，大枣去核，切成4瓣。

❷粳米、糯米、黑米洗净，在水中浸泡20分钟。

❸容器中倒入泡过的米、大枣、板栗、松仁、少许盐，还有1杯水。

❹烤出的营养饭装入南瓜中，盖上锡纸。在预热至200℃的烤箱中再烤15~20分钟。

坚果八宝饭

既营养又健康的八宝饭一直是我的最爱，自从了解用烤箱制作八宝饭的方法后，八宝饭就成了我家的常备饭。可以切成小块保存起来，想吃的时候拿出来热一块，味道不变，营养不流失。

小贴士：
因为八宝饭中加入的糖较多，因此要经常上下搅拌。

2人份
时间：40分钟

食材
糯米 2杯
板栗 8粒
大枣 10颗
松仁 2勺

调料
红糖 2/3杯
酱油 1.5勺
食用油 1.5勺
香油 1.5勺
水 $1^3/_5$杯

可代替食材
板栗▶地瓜、南瓜

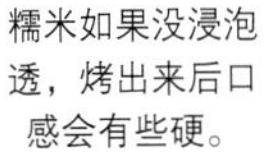

❶糯米洗净，浸泡5小时，浸泡后用滤网将水沥干，板栗去壳，切成3~4块。大枣洗净去核切成4~5瓣。

❷红糖2/3杯、酱油1.5勺、食用油1.5勺，香油1.5勺、水$1^3/_5$杯，煮至红糖熔化。

❸容器中加入糯米、板栗、大枣、松仁，均匀搅拌，再加入调料。

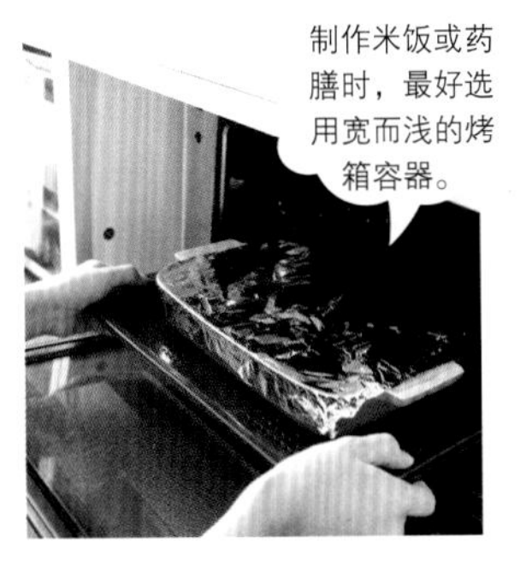

❹盖上盖子或者锡纸，在预热至230℃的烤箱中烤25分钟。

❺为避免调料烤煳，取出容器后搅拌均匀，将烤箱温度降到200℃，继续烘烤15~20分钟。可以取出即食，也可以晾凉，切成小块。

烤香草鲅鱼

表皮金黄酥脆的鲅鱼，胜过任何一款烤鱼。外焦里嫩的鱼肉既是营养丰盛的下饭菜，也是美味的下酒菜。使用烤箱烤鱼无须给鱼翻面，因此可以在这个期间做其他菜，节省做菜的时间。

2人份
时间：30分钟

食材
腌鲅鱼 1条
迷迭香末 1/2根
料酒 1勺
胡椒粉 少许
柠檬 1/4个

可代替食材
迷迭香 1/2根
▶迷迭香粉0.2勺、咖喱粉0.5勺、牛至粉0.2勺

小贴士：
烤鱼时，烤箱温度控制在230~250℃，根据鱼的大小调节温度。含油量大的鲅鱼和秋刀鱼，放在烤盘中烘烤会有残余的油留在烤盘，会影响鱼的口感。烤鱼时使用烤架，油会掉到烤盘上。由于在烘烤中，油被加热将产生油烟，因此需要在烤盘中铺上洗碗巾，再喷上水浸湿，就会解决产生油烟的问题。如果洗碗巾湿度太大，会在烘烤过程中产生蒸汽，影响鱼的口感。

❶鲅鱼洗净，然后用厨房用纸除掉水分，再片开鱼肉。将迷迭香剁碎。

❷将料酒、剁碎的迷迭香、胡椒粉少许，撒在鲅鱼上腌制10分钟。

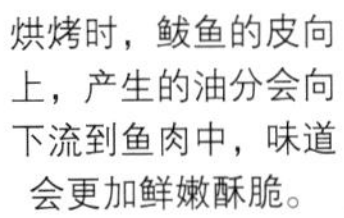

烘烤时，鲅鱼的皮向上，产生的油分会向下流到鱼肉中，味道会更加鲜嫩酥脆。

❸烤盘中铺上洗碗巾，用喷壶喷水，鱼放在烤架上，鱼皮面向上。

❹放入预热至230℃的烤箱中烘烤15分钟，取出鱼，浇上1/4的柠檬汁。

烤鲅鱼

◆◇◆◇◆◇◆◇◆◇◆◇◆

2人份
时间：20分钟

材料
鲅鱼 1条（300g）
橄榄油 1勺
柠檬汁 1/4勺

小贴士：
根据烤箱的不同，烘烤时温度会有区别，燃气烤箱一般将温度调至250℃。点燃燃气烤箱时，加热就如直火烘烤，有助于烤出外焦里嫩的口感。整条鲅鱼烘烤时，会出现皮熟肉没熟的问题，因此可以烘烤过半时，将温度降低20~30℃，这样就可以充分将鱼烤熟。

❶鲅鱼洗净后，在鱼身上切几刀。

❷将橄榄油均匀刷在鲅鱼的身上。

❸烤盘中铺上洗碗巾，用喷壶喷水，鱼放在烤架上，鱼皮面向上。

❹250℃的烤箱中烘烤15分钟，翻面继续烘烤5~8分钟，浇上柠檬汁。

烤秋刀鱼

2人份
时间：10分钟

材料
秋刀鱼 2条
大粒盐 0.3勺
柠檬 2片

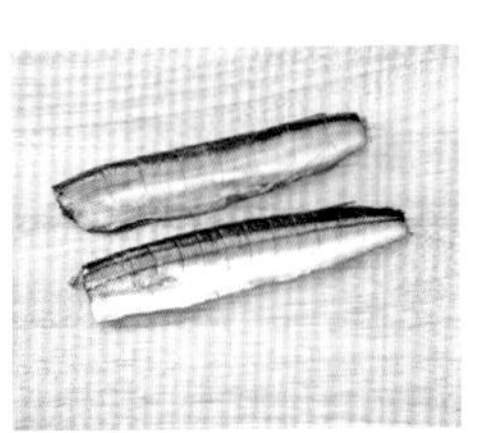

❶取出秋刀鱼内脏，洗净，在鱼身上均匀切几刀。

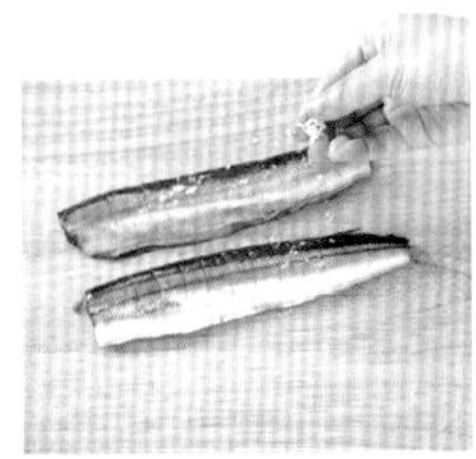

❷在秋刀鱼的双面均匀撒上盐。

没有烧烤功能的烤箱，需要在250℃的温度下烤10分钟。

❸烤盘中铺上洗碗巾，用喷壶喷水，鱼放在烤架上，烘烤8~10分钟，取出鱼浇上柠檬汁。

烤马鲛鱼

◆◇◆◇◆◇◆◇◆◇◆◇◆

2人份
时间：25分钟

材料
马鲛鱼 1条
沙拉酱 1.5勺
日本大酱（味噌）1勺
清酒 1勺
橄榄油 1勺
柠檬 1/4个

可代替食材
日本大酱1勺▶豆瓣酱0.5勺+自制大酱0.3勺

小贴士：
马鲛鱼肉质比较嫩，烘烤过程中翻面时，需要使用锅铲或者饭勺。

如果用水长时间清洗，更容易产生鱼腥味。

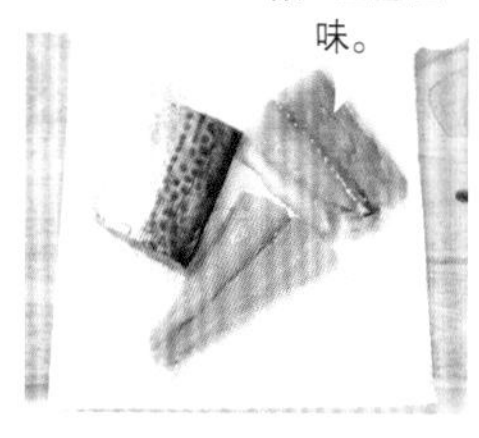

❶马鲛鱼简单清洗，用洗碗巾擦去多余水分。

❷将沙拉酱1.5勺，日本大酱1勺、清酒1勺和橄榄油1勺搅拌均匀，然后涂抹在马鲛鱼表面。

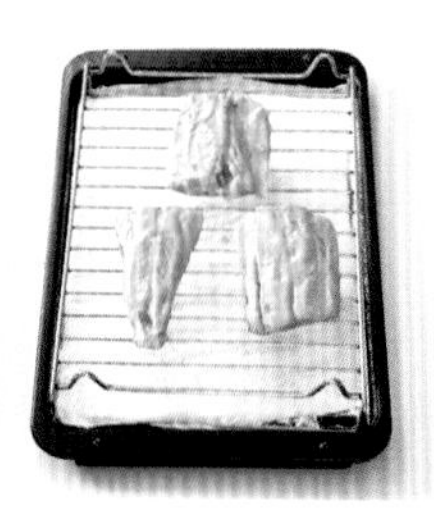

❸烤盘内铺上锡纸和洗碗巾，然后用喷壶喷洒少许水，放上烤架。鱼皮面向上放到烤架上。

❹在预热至230℃的烤箱中烘烤15分钟，取出后翻面，然后继续烘烤5分钟。

◆◇◆◇◆◇◆◇◆◇◆◇◆

2人份
时间：25分钟

材料
马鲛鱼 1条
大粒盐 0.5勺
胡椒粉 少许
橄榄油 少许

小贴士：
可以配上酱油蘸料，味道会更好。将酱油1勺、料酒0.5勺，芥末酱少许，搅拌均匀即可。

盐烤马鲛鱼

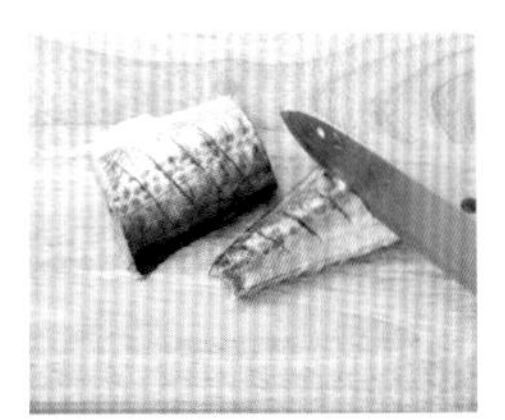

❶马鲛鱼切成段，取出刺，在鱼身上切几刀。

❷马鲛鱼用清水洗净，再用洗碗巾擦干，撒上少许胡椒粉和大粒盐0.5勺。

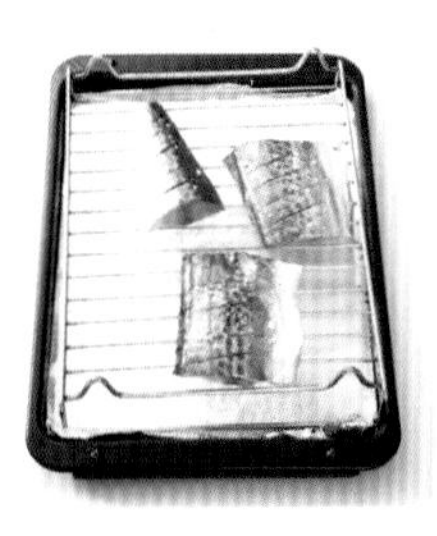

❸烤盘中铺上锡纸和洗碗巾，喷少许水，鱼放在烤架上，鱼皮面向上。

❹预热至230℃的烤箱中烘烤15分钟，取出鱼翻面，再继续烤5分钟。

盐烤小黄花鱼

◆◇◆◇◆◇◆◇◆◇◆◇◆

2人份

时间：20分钟

材料

小黄花鱼2条（约150g）

大粒盐 1勺

小贴士：

小黄花鱼无须去掉头和尾，将鱼的内脏通过鱼鳃取出，可以保证鱼的完整形状。将木筷子插入鱼肚子里，缠出内脏。

烤小黄花鱼时，黄花鱼的头和尾容易烤煳，因此在烘烤前先将黄花鱼的头和尾用锡纸包好。黄花鱼肉质嫩，应等到完全烤熟后再翻面，才能保证鱼肉的完整性。

❶刮净鱼鳞，取出鱼内脏，洗净。用洗碗巾擦干，在鱼的两面切几刀。

❷撒少许大粒盐，腌制5分钟，再用洗碗巾擦掉多余水分。

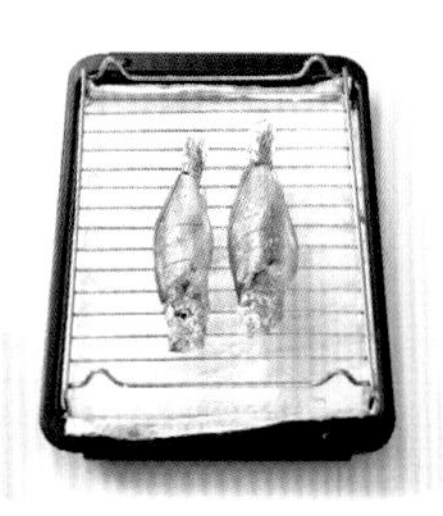

❸在烤盘上铺上锡纸和洗碗巾，喷少许水，鱼放在烤架上，烘烤10分钟，取出鱼翻面，再继续烤5分钟。

盐烤鳕鱼

2人份
时间：25分钟

材料
鳕鱼 4条
大粒盐 0.5勺
胡椒粉 少许

❶鳕鱼洗净，用洗碗巾擦干水分，剪去鱼鳍。

❷撒上大粒盐和少许胡椒粉腌制。

❸烤盘上铺上洗碗巾，喷少许水，鱼放在烤架上，在预热至250℃的烤箱中烘烤15分钟。

烤多春鱼

◆◇◆◇◆◇◆◇◆◇◆◇◆

2人份
时间：15分钟

材料
多春鱼 10条

辣根调料
芥末酱 少许
沙拉酱 1勺

小贴士：
如果想让烤出的鱼口感更脆，可以用烤箱中的烧烤功能。

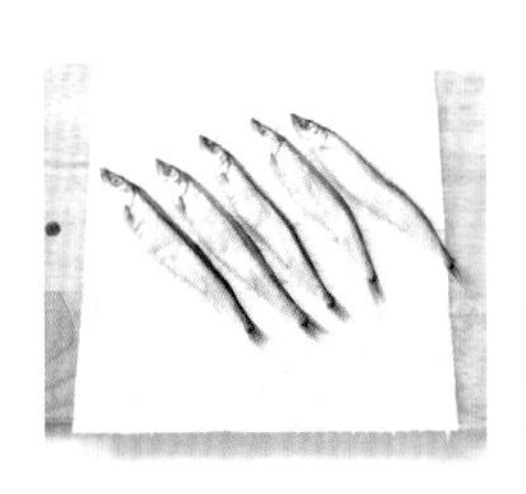

❶多春鱼洗净，用洗碗巾擦干水分。

没有烧烤功能的烤箱，可以在250℃的温度下烤10分钟。

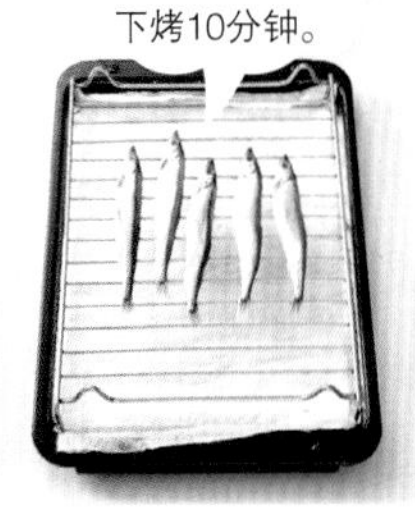

❷烤盘上铺上洗碗巾，喷少许水，鱼放在烤架上，烧烤模式烤10分钟。

❸芥末酱少许，加1勺沙拉酱搅拌均匀。

2人份
时间：20分钟

材料
大虾（烧烤用）12只
大粒盐 1杯
甜辣酱 2勺

小贴士：
烤大虾剩的盐，晒干后砸碎还能继续使用。

盐烤大虾

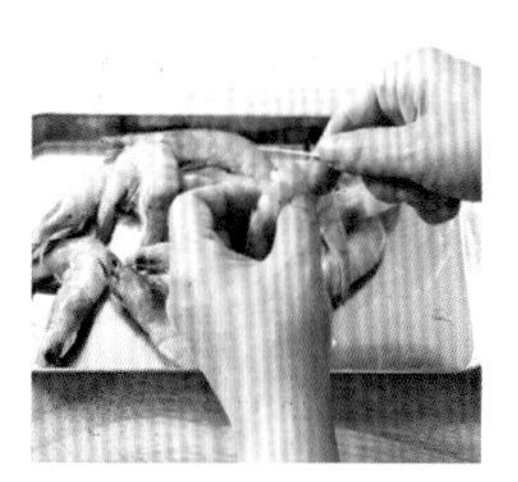

❶用牙签将虾背部的内脏取出。

❷烤盘上铺上锡纸，撒上1杯大粒盐，放入虾。

❸预热250℃的烤箱中烤10分钟，最后抹上甜辣酱2勺。

烤贝类海鲜

2人份
时间：25分钟

材料
贝类海鲜（扇贝、花蛤、文蛤等）400g
大粒盐 少许
柠檬 1个

辣酱配料
辣椒酱 2勺
醋 1勺
梅子汁 1勺
白糖 0.3勺

可代替食材
白糖▶糖稀

小贴士：
根据贝类食材的大小，烘烤时间不同，可以将同类的贝壳放在一起，便于取出。贝壳开口就是烤熟，多种贝壳同时烧烤时，可以先将开口的取出。

海螺也可以一起烘烤。

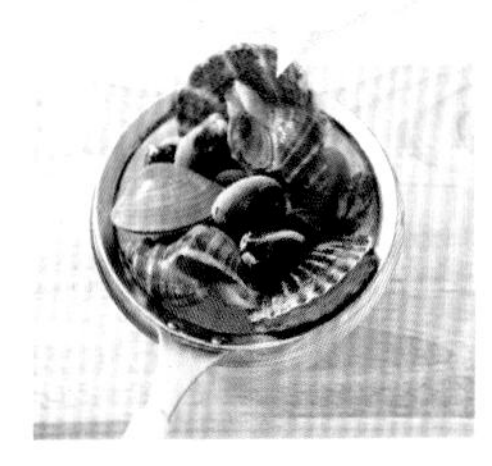

❶扇贝、花蛤、文蛤等贝类用流水冲洗，在淡盐水中浸泡30分钟，沥干水分。

❷烤盘中铺上烧烤纸或锡纸，放上贝壳。

吃前可以洒一些柠檬汁，会更加美味。

❸在250℃的烤箱中烘烤10分钟，配上辣酱（辣椒酱2勺、醋1勺、梅子汁1勺，白糖0.3勺），再加少许柠檬汁搅拌均匀。

轻松烤出鲜美海鲜

用煎锅煎鱼时，即便煎一小块鱼，满屋子都会飘着鱼腥味，而且也很难散去。如果你也有同样的苦恼，可以考虑用烤箱烤鱼。用煎锅煎鱼，不仅会有油污、油烟，还有煎鱼时散发的腥味。但是如果把鱼放进烤箱中烘烤，不仅不会有油污、油烟，而且肉质嫩滑鲜美。烤箱的原理是通过热气的循环流动来烹饪。体积较大的鱼也可以用烤箱轻松烤出，还有肉较薄的鱼，也可以保证其外表不被烤焦。

达人教你用烤箱烤海鲜

❶烤鱼时，在烤盘中铺上洗碗巾，用喷壶喷水浸湿，再放上烤架。

❷鲅鱼和秋刀鱼，这类油分比较大的鱼，可以先在烤盘上铺上烧烤纸，然后再铺上洗碗巾，用喷壶喷水浸湿，再放上烤架。

❸烤鱼时根据鱼的大小可以选择在230~250℃的温度下烤。

❹烤完鱼后，烤箱内会有油渍，可以在烤箱内还有少许热气的时候，用湿毛巾沾上少许烘焙苏打，轻轻擦拭，不仅清洗简单还可以去味。

烤鳗鱼

◆◇◆◇◆◇◆◇◆◇◆◇◆

2人份
时间：40分钟

材料
鳗鱼 2条
清酒 1勺
生姜汁 1勺
苏子叶 少许
大蒜、尖椒 少许

调料
酱油 1杯
料酒 1杯
清酒 1/2杯
白糖 4勺
洋葱 1/2个
大葱 1/2棵
大蒜 2瓣
桂皮（3cm长）1块

小贴士：
抹上酱料的菜，为了防止烤煳就不要一次性将所有的调料都抹到食材上。可以先裸烤，涂抹调料后再烤，这样烤出来的菜色泽好，还可以减少调料的用量。

❶清洗好的鳗鱼用清酒1勺、生姜汁1勺腌10分钟。然后在200℃的烤箱中烤10分钟。

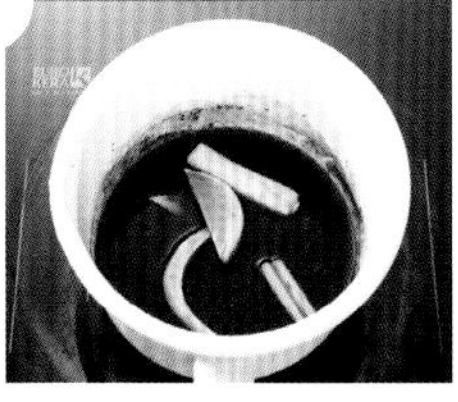

❷锅中放入酱油1杯、料酒1杯、清酒1/2杯、白糖4勺、洋葱1/2个、大葱1/2棵、大蒜2瓣、桂皮1块煮沸，再调至小火继续煮到酱汁黏稠，约煮10分钟。

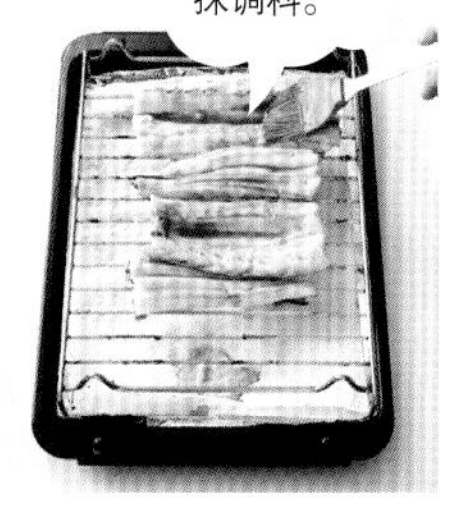

❸在烤盘中铺上洗碗巾，用喷壶喷水浸湿，再放上烤架。将调料抹在鳗鱼的双面，放到烤架上，在220℃的烤箱里烤3分钟。取出鳗鱼，再次涂抹调料3~4次，烤5~6分钟。

❹烤好的鳗鱼放入碗中，鳗鱼配着大蒜、辣椒、苏子叶将更美味。

烤沙参

2人份
时间：25分钟

材料
沙参 6颗
大粒盐 少许

调料
辣椒酱 2勺
辣椒粉 0.3勺
酱油 0.3勺
白糖 0.5勺
糖稀 0.5勺
香油 0.5勺
芝麻 0.5勺

可代替食材
沙参▶桔梗

❶沙参洗净，切成两半，在凉水中放入少许粗盐，浸泡10分钟。晾干水分，用木棒将沙参敲扁。

❷辣椒酱2勺、辣椒粉0.3勺、酱油0.3勺、白糖0.5勺、糖稀0.5勺、香油0.5勺、芝麻0.5勺搅拌做成酱料。

❸酱料涂抹在沙参上，腌制一段时间。

❹烤盘中铺上锡纸，放上沙参，在220℃的烤盘中烤7~8分钟。

烤茄子

2人份
时间：20分钟

材料
茄子 2个

酱料
辣椒酱 2勺
辣椒粉 0.3勺
酱油 0.3勺
白糖 0.3勺
糖稀 1勺
香油 0.5勺
生姜粉 少许
芝麻盐 少许

小贴士：
酱料需要均匀涂抹在茄子上。

❶茄子洗净，从中间切开。

❷辣椒酱2勺、辣椒粉0.3勺、酱油0.3勺、白糖0.3勺、糖稀1勺、香油0.5勺、生姜粉少许、芝麻盐少许，搅拌做成酱料。

❸烤盘中铺上锡纸，再将抹上酱料的茄子放入烤盘。

❹在200℃的烤箱中烤7~8分钟。

烤牛肉卷牛蒡

2人份
时间：25分钟

材料
牛肉（嫩牛肉）250g
牛蒡 1/4根
胡萝卜、蒜薹 各50g
盐、胡椒粉 少许

调料
酱油 1.5勺
蚝油 0.3勺
糖稀 1勺
料酒 1勺
白糖 0.5勺
胡椒粉、香油 少许

小贴士：
烤箱烤出来的牛肉，肉质更加鲜嫩。蛋白质含量丰富的肉类食材，根据烹饪时的制作方法与火候，决定口感。制作过程中温度过高，会影响肉的鲜嫩度。烤箱是通过恒温加热的方式制作，因此可以保证肉的口感，而且较厚的肉，可以通过调节烤箱温度轻松烤熟。

❶选择肉质较嫩的牛肉，加入酱油1.5勺、蚝油0.3勺、糖稀1勺、料酒1勺、白糖0.5勺、胡椒粉和香油少许，腌制10分钟。

❷牛蒡去皮，切丝，胡萝卜切丝，蒜薹切断，在热水中焯。

也可以加甜椒或蘑菇。

❸牛肉片开，放上述材料，卷成肉卷。

❹在烤盘上铺上锡纸和洗碗巾，喷少许水，肉卷放在烤架上，在200℃的烤箱中烘烤8~10分钟。烤完撒少许盐和胡椒粉。

烤洛杉矶牛排

牛排根据切开的方法不同，形状也不同。洛杉矶牛排应切成薄片，抹上调料。用烤箱烤牛排，牛排不容易煳，而且肉质还会很鲜嫩。

2人份

时间：35分钟

材料

洛杉矶牛排 600g

蘑菇 1个

盐、香油 少许

调料

酱油 5勺

白糖 2勺

糖稀 1勺

料酒 1勺

葱末 2勺

蒜末 1勺

香油 1勺

盐、胡椒粉 少许

替代材料

杏鲍菇▶

香菇、口蘑

料酒▶清酒

小贴士：

牛排应放在烤架上烤，而且可以先将烤箱预热，在预热后的烤箱中烤，可以减少牛排水分流失。

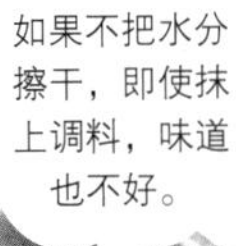

❶洛杉矶牛排在凉水中浸泡1小时，用洗碗巾将水分擦干。

❷酱油5勺、白糖2勺、糖稀1勺、料酒1勺、葱末2勺、蒜末1勺、香油1勺、盐、胡椒粉少许，搅拌做成酱料。

❸洛杉矶牛排涂抹酱料后，腌制10分钟。切成蘑菇形状，撒盐和香油。

❹在烤盘中铺上洗碗巾，用喷壶喷洒水浸湿，将牛排和蘑菇放在烤架上，在预热至250℃的烤箱中，烤10分钟。

鱿鱼牛肉卷

◆◇◆◇◆◇◆◇◆◇◆◇◆

2人份
时间：30分钟

材料
牛肉末 70g
鱿鱼 1条
紫菜 1/2张

牛肉调料
酱油 1勺
白糖 0.5勺
葱末 1勺
蒜末 0.5勺
青椒末、红椒末 1/4个
香油 0.5勺
盐 0.3勺
胡椒粉 少许

可以将做好的鱿鱼卷独立包装，放到冰箱里冷冻。吃的时候再放进烤箱烘烤。

❶牛肉用酱油1勺、白糖0.5勺、葱末1勺、蒜末0.5勺、青椒末、红椒末1/4个、香油0.5勺、盐0.3勺、胡椒粉少许，腌制10分钟。

❷鱿鱼洗净，将鱿鱼皮撕掉，在内侧横向以0.2cm间隔切开，紫菜切成同鱿鱼大小。

❸紫菜放在鱿鱼上，将牛肉铺在紫菜上，再将鱿鱼爪放在中间，卷起。在预热至200℃的烤箱中烘烤10~15分钟。

核桃小排

2人份
时间：30分钟

材料
牛肉末 200g
核桃碎 1勺
米条 8段

调料
酱油 2勺
白糖 1勺
葱末 1勺
蒜末 0.5勺
香油 0.5勺
芝麻盐 0.3勺
胡椒粉 少许

可代替食材
米条▶年糕
核桃▶杏仁、松子

❶酱油2勺、白糖1勺、葱末1勺、蒜末0.5勺、香油0.5勺、芝麻盐0.3勺、胡椒粉少许，搅拌均匀。核桃剁成核桃碎。

❷牛肉末中倒入调料、核桃碎，搅拌均匀。

❸将肉末制成肉饼，再包上米条。

没有预热过的烤箱可以多烤5分钟。

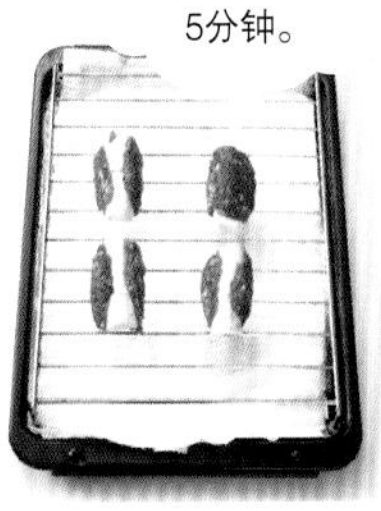

❹在烤盘中铺上洗碗巾，喷少许水，将小排放在烤架上，在预热至200℃的烤箱中烘烤10分钟。

银杏牛肉丸

◆◇◆◇◆◇◆◇◆◇◆◇◆

2人份
时间：30分钟

材料
洋葱 1/8个
香菇 1个
苏子叶 2张
银杏 10~15颗
食用油 少许
牛肉末 150g
盐、胡椒粉 少许

牛肉调料
酱油 1.5勺
白糖 0.5勺
糖稀 0.3勺
生姜汁 少许
葱末 1勺
蒜末 0.3勺
香油 0.5勺

小贴士：
首先将牛肉与调料搅拌均匀，之后放入苏子叶和蘑菇。如果先将牛肉与蔬菜混合，再放入调料，会影响牛肉入味。

❶洋葱和蘑菇切成末，苏子叶切2cm长，银杏炒熟，拨开外皮。

❷切好的牛肉末用酱油1.5勺，白糖0.5勺、糖稀0.3勺、生姜汁少许、葱末1勺、蒜末0.3勺、香油0.5勺搅拌均匀。再加入洋葱、蘑菇、苏子叶、银杏搅拌。

❸将搅拌后的牛肉做成小肉丸，每粒肉丸放入1颗银杏，再压成小肉饼。

❹在220℃的烤箱中烘烤10分钟，用盐和胡椒粉调味。

韩式蒸五花肉

2人份
时间：50分钟

材料
猪五花肉（块状）600g
大蒜 2瓣
洋葱 1个
盐、胡椒粉 少许
甘草 2块

蘸酱料
辣椒酱 1勺
大酱 1勺
蒜末 少许
红辣椒末 少许
芝麻 少许
香油 少许

可代替食材
五花肉▶猪颈肉

小贴士：
五花肉放入230℃的烤箱中烤，等待表面开始变色，将温度降到200℃继续烤，这样可以避免外皮烤焦，还可以保证烤熟。在烤箱容器上盖上锡纸，可以保持肉的水分，就像用锅蒸出来似的，肉质鲜嫩。如果烤箱有蒸汽功能，就无须盖锡纸。

如果切得薄，容易烤煳，因此要切得厚一些。

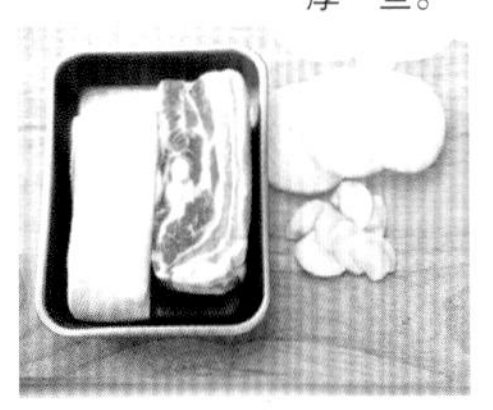

❶五花肉切成块状，厚度为5cm，洋葱和大蒜切成片。

❷五花肉上撒上盐和胡椒粉，然后将大蒜和甘草放在五花肉上。

用洋葱铺底，不仅可以去除五花肉的膻味，而且肉质会更嫩。

❸烤箱容器内先放洋葱，再放五花肉，盖上锡纸，在230℃的烤箱中烘烤40分钟。烤好的五花肉切片，配上辣椒酱1勺、大酱1勺和少量的蒜末、红辣椒末、芝麻、香油，搅拌均匀做成蘸料。

泡菜炒饭牛肉卷

将腌好的牛肉末做成面包棒形状，再用烤箱烘烤，这是烤箱料理中一道最为经典的美食。肉卷里可以放鸡蛋或青菜。

小贴士：
做好的肉卷，可以用锡纸包好，放到冰箱里保存，吃的时候再放进烤箱烤制。

2人份
时间：40分钟

材料
米饭 1/2碗
辣白菜 2片
洋葱 1/4个
甜椒 1/6个
食用油 少许
盐、胡椒粉 少许
牛肉末 200g
猪排酱 适量

牛肉腌料
洋葱 1/4个
洋香菇 2个
金枪鱼汁 1勺
胡椒粉 少许
鸡蛋 1/4个
面包渣 1/4杯

可代替食材
米饭▶米条

❶准备米饭，辣白菜、洋葱，甜椒切成末。

❷将需要放进牛肉腌料中的洋葱和蘑菇切成末，在煎锅中炒。

❸锅中放油，炒辣白菜和洋葱，再放入米饭继续炒，放甜椒、盐和胡椒粉调味。

❹肉末中加金枪鱼汁1勺，胡椒粉少许，鸡蛋1/4个，面包渣1/4杯，炒好的洋葱和蘑菇，搅拌均匀。

❺菜板上铺上1张烧烤纸或锡纸，然后将搅拌好的牛肉摊平，放上炒饭，像卷寿司一样卷起。

❻在预热至200℃的烤箱中烤10~15分钟，切成小块，再浇上猪排酱。

牛肉饭团

挑食的孩子不喜欢吃蔬菜。牛肉中添加多种蔬菜搅拌均匀，放在饭团上，牛肉的肉汁将渗到饭里。就算挑食的小朋友也会喜欢这款牛肉饭团。

小贴士：
为了做成蘑菇的形状，饭团上只包了一半的牛肉。也可以用牛肉把整个饭团包起来。

2人份
时间：30分钟

可代替食材
米饭▶糙米饭、黑米饭

材料
牛肉末 150g
蔬菜丁（洋葱、辣椒、胡萝卜、玉米）1/2杯
米饭 1碗
橄榄油 适量

牛肉腌料
酱油 2.5勺
白糖 0.5勺
糖稀 1勺
料酒 1勺
香油 0.5勺
蒜末 0.5勺
盐、胡椒粉 少许

调料
番茄酱 2勺
蚝油 0.5勺
清酒 1勺
蒜末 0.3勺
水 2勺

❶肉末150g、酱油2.5勺、白糖0.5勺、糖稀1勺、料酒1勺、香油0.5勺、蒜末0.5勺、盐、少许胡椒粉搅拌均匀。

❷将切成丁的洋葱、辣椒、胡萝卜、玉米粒放入肉末中，继续搅拌。

❸将热乎的米饭揉成团。

如果没有模具，可以在烤盘上抹上食用油，放饭团时保持一定距离。

❹米饭上裹一层牛肉，在迷你烤盘内抹油，将饭团放入，在预热至200℃的烤盘中烘烤10分钟。

❺将番茄酱2勺、蚝油0.5勺、清酒1勺、蒜末0.3勺、水2勺、煮开做成调料，抹在牛肉饭团表面。

烤猪排骨

◆◇◆◇◆◇◆◇◆◇◆◇◆

2人份
时间：30分钟
（不包括除去排骨血水的时间）

材料
猪排骨 1排
洋葱 1个
盐、胡椒粉 少许

调料
番茄酱 4勺
辣椒酱 2勺
糖稀 2勺
白糖 1勺
蚝油 0.3勺
蒜末 1勺
水 1/4杯

小贴士：
如果一次性将所有调料都抹上，不仅容易烤煳，而且也不易涂抹。可以用刷子抹1层，放进烤箱烤2~3分钟，取出后，再抹调料，继续烤，反复几遍，就不会出现烤煳的问题。

❶猪排骨在冷水中泡30分钟，去血水。

❷烤盘内铺上锡纸或烧烤纸，放上厚度为1cm的洋葱，再放上猪排骨，在200℃的烤箱中烤15分钟。

❸将番茄酱4勺、辣椒酱2勺、糖稀2勺、白糖1勺、蚝油0.3勺、蒜末1勺，水1/4杯煮5分钟。

❹猪排骨上抹3~4遍调料，在220℃的烤箱中烤10分钟。

烤五花肉卷尖椒

2人份
时间：20分钟

材料
猪五花肉 150g
尖椒 10个
大蒜粉、盐、胡椒粉少量

小贴士：
切五花肉片时，厚度应一致才能均匀烤熟。

❶五花肉切薄片，如果五花肉片长，可以在中间切成两半。

❷尖椒去头洗净、沥干。

❸五花肉上均匀撒少量大蒜粉、盐、胡椒粉，再用五花肉卷尖椒。

❹在预热至220℃的烤箱中烤10~15分钟。

烤猪里脊配水果凉菜

◆◇◆◇◆◇◆◇◆◇◆◇◆

2人份
时间：30分钟

材料
猪里脊肉 1块（400g）
黄瓜 1/2根
苹果 1/4个
大枣 2个
松仁 1勺
盐 少量

里脊肉腌料
料酒 1勺
盐、胡椒粉 少量

黄芥末汁调料
黄芥末粉 0.5勺
醋 2勺
白糖 1.5勺
炼乳 0.5勺
盐 少量

❶猪里脊肉加料酒1勺、盐、胡椒粉腌制。再将猪里脊放入铺有锡纸或烧烤纸的烤盘中，在220℃的烤箱中烤25分钟。取出肉，切成薄片。

❷黄瓜、苹果、大枣切成丝。

❸黄芥末粉0.5勺、醋2勺、白糖1.5勺、炼乳0.5勺、盐少量，搅拌成黄芥末酱。

❹将黄瓜、苹果、大枣、松仁放入碗中，再倒入黄芥末酱搅拌均匀，浇在烤好的猪里脊肉上。

烤鸡胸脯肉拌凉菜

2人份
时间：30分钟

材料
鸡胸脯肉 2块
绿豆芽 100g
青椒 2个
红辣椒 1/2个
黄瓜 1/3根

鸡胸脯肉腌料
料酒 1勺
盐、胡椒粉 少量

蒜末调料
黄芥末酱 0.5勺
醋 1勺
白糖 0.5勺
糖稀 0.5勺
酱油 0.3勺
蒜末 0.3勺
盐 少量

可代替食材
青辣椒▶芹菜、甜椒

❶鸡胸脯肉加料酒1勺、盐、胡椒粉腌制。在预热至180℃的烤箱中烤15分钟。取出肉，撕成丝。

❷绿豆芽洗净除水，红辣椒和青椒切成长度为4cm的辣椒丝，黄瓜切丝。

❸绿豆芽、红辣椒和青椒各在沸水中焯1遍，再用凉水冲洗、沥干。

❹鸡胸脯丝、黄瓜、绿豆芽、青椒、红辣椒放入碗中，再加黄芥末酱0.5勺、醋1勺、白糖0.5勺、糖稀0.5勺、酱油0.3勺、蒜末0.3勺、少量盐，搅拌均匀。

大葱烤鸡腿

2人份
时间：30分钟

材料
鸡腿肉 300g
葱 2根

调料
辣椒酱 3勺
酱油 1勺
辣椒粉 1勺
白糖 0.5勺
糖稀 1勺
蒜末 2勺
生姜粉 少量
香油、盐 少量

小贴士：
烤鸡腿时，应将鸡腿肉隔一定距离均匀地放在烤盘中，这样才能均衡受热。

❶鸡腿去骨，加入辣椒酱3勺，酱油1勺，辣椒粉1勺，白糖0.5勺，糖稀1勺，蒜末2勺，生姜粉少量，香油、盐少量搅拌均匀腌制10分钟。

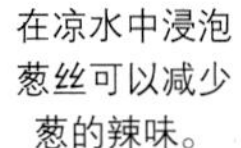

在凉水中浸泡葱丝可以减少葱的辣味。

❷葱切丝，在凉水中浸泡，然后沥干。

❸在预热至220℃的烤箱中烘烤10~15分钟。

柚子蜜香烤鸡腿肉

2人份
时间：30分钟

材料
鸡腿肉 300g
盐、清酒 少量

调料
辣椒酱 2勺
柚子蜜 1勺
辣椒粉 0.5勺
清酒 1勺
酱油 0.5勺
白糖 0.3勺
葱末 1勺
蒜末 0.5勺
生姜末 少量
胡椒粉 少量

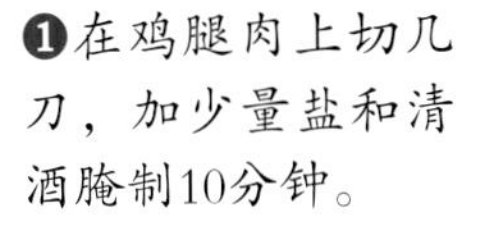

❶在鸡腿肉上切几刀，加少量盐和清酒腌制10分钟。

❷辣椒酱2勺、柚子蜜1勺、辣椒粉0.5勺、清酒1勺、酱油0.5勺、白糖0.3勺、葱末1勺、蒜末0.5勺、生姜末少量、胡椒粉少量搅拌均匀。

❸鸡腿肉中加调料，腌制10分钟。在220℃的烤箱中烘烤10~15分钟。

烤肉配菜，蔬菜小菜

6人份
时间：15分钟

材料
黄瓜 2根
洋葱 1个
胡萝卜 1/6个
青椒 1个
红辣椒 1个

调料
水 1杯
醋 3/4杯
白糖 1杯
盐 2
腌菜调料 1勺

❶黄瓜、洋葱、胡萝卜、青椒、红辣椒洗净，切段，大小如小手指。

醋应该选择糙米醋、苹果醋比较适合。

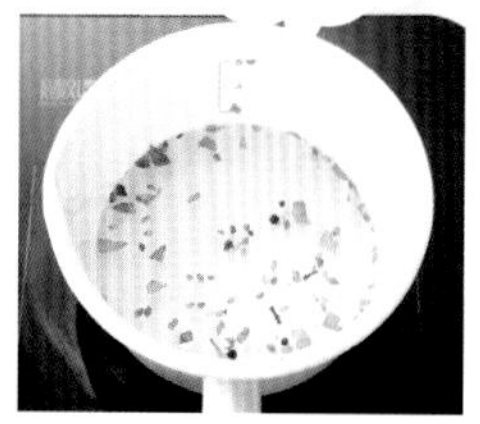

❷锅中加入水1杯、醋3/4杯、白糖1杯、盐2勺、腌菜调料1勺，煮3分钟。

过4小时即可食用，如果想长期保存，蔬菜就无须切开。

❸调料煮开，倒入蔬菜中，待热气散去后，盖上盖子，放入冰箱中。

烤肉配菜，腌卷心菜

8人份
时间：20分钟

材料
卷心菜 1/2棵（750g）
红辣椒 1/2个
海带（5cm×5cm）1张

腌制调料
水 1/2杯
醋 5勺
白糖 3.5勺
盐 1.5勺
洋葱汁 3勺
蒜末 1勺

可以保存10日左右。

❶卷心菜洗净，切成5cm长的丝，红辣椒切丝，海带浸泡在凉水中泡发，切4cm长的丝。

❷水1/2杯、醋5勺、白糖3.5勺、盐1.5勺、洋葱汁3勺、蒜末1勺，搅拌均匀。

❸盆中倒入卷心菜、红辣椒、海带，加上腌料，装入保鲜盒，放入冰箱。

烤肉配菜，腌洋葱

◆◇◆◇◆◇◆◆◇◆◇◆◇◆

6人份
时间：15分钟

材料
洋葱 2个
海带（5cm×5cm）1张

腌制调料
酱油 1/2杯
水 1/4杯
醋 1/8杯
白糖 2勺

❶洋葱去皮，洗净，切块。

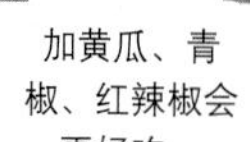

❷锅中加酱油1/2杯、水1/4杯、醋1/8杯、白糖2勺，煮3分钟。

❸酱料煮开后立即倒入装有洋葱的碗中，待晾凉后，盖上盖子，放入冰箱中保存。

香辣烤鱿鱼

2人份
时间：20分钟

材料
鱿鱼 1条
小葱 少量

调料
辣椒酱 2勺
辣椒面 0.5勺
酱油 1勺
料酒 1勺
白糖 0.5勺
糖稀 1勺
蒜末 1勺
香油 1勺

小贴士：
海鲜如果用水煮，或在热水中焯，会丢失海鲜的鲜味。如果用烤箱烤，就无须用水，味道更鲜美，还能保存海鲜的营养。因此，海鲜和烤箱是最佳的搭配。

应该把鱿鱼的内脏去除后洗净，再保存鱿鱼。

❶鱿鱼取出内脏，洗净，在表面以1cm的间隔切几刀。

❷辣椒酱2勺、辣椒面0.5勺、酱油1勺、料酒1勺、白糖0.5勺、糖稀1勺、蒜末1勺、香油1勺，搅拌均匀。

❸在鱿鱼表面均匀抹上调料。

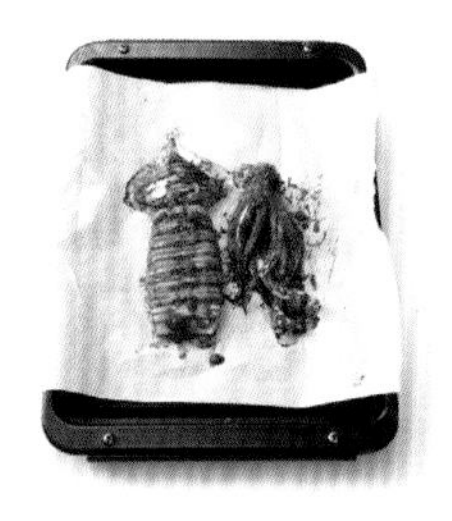

❹将鱿鱼放在铺有烧烤纸或锡纸的烤盘中，在250℃的烤箱内烤10分钟。取出鱿鱼，再将小葱末撒在鱿鱼上。

烤章鱼串

2人份
时间：30分钟

材料
章鱼 2条
大粒盐 少量

调料
辣椒酱 2勺
酱油 0.5勺
白糖 0.5勺
糖稀 0.5勺
蒜末 0.5勺
葱末 1勺
香油 0.5勺
盐 少量

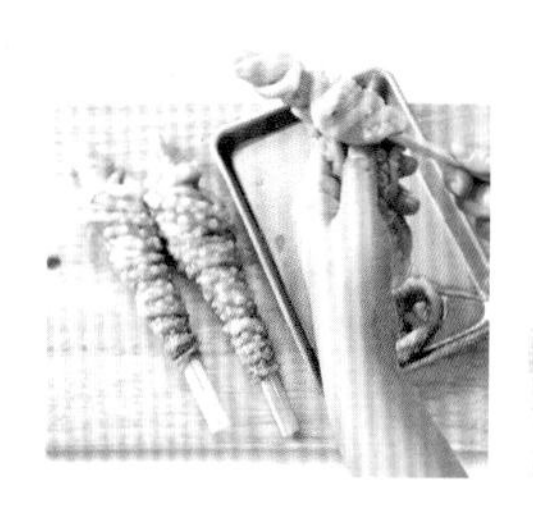

❶章鱼撒上大粒盐洗净，然后卷到木筷上。

❷辣椒酱2勺、酱油0.5勺、白糖0.5勺、糖稀0.5勺、蒜末0.5勺、葱末1勺、香油0.5勺、盐少量，搅拌均匀。

❸烤盘中铺洗碗巾，用喷壶喷水，章鱼放在烤架上，在200℃的烤箱中烘烤10分钟。

❹均匀抹调料，在200℃的烤箱中烤2~3分钟，从烤箱中取出，再抹调料，继续烤3~4分钟。

鲜虾香菇丸

2人份
时间：30分钟

材料
香菇 8个
鲜虾肉 1/4杯
豆腐 1/8块
面粉 少量

香菇调料
金枪鱼汁 0.5勺
香油 少量

调料
酱油 0.5勺
葱末 1勺
蒜末 0.3勺
盐、胡椒粉 少量
香油 少量

❶去除香菇梗，洗净，沥干。加金枪鱼汁0.5勺和少量香油搅拌均匀。

❷鲜虾肉、豆腐剁碎，加入酱油0.5勺、葱末1勺、蒜末0.3勺、盐和少量胡椒粉，搅拌均匀。

❸香菇上撒少量面粉，再放鲜虾肉、豆腐末。

❹香菇放入烤箱容器中，在200℃的烤箱中烤10分钟。

烤芝士海鲜米条

◆◇◆◇◆◇◆◇◆◇◆◇◆

2人份
时间：25分钟

材料
米条 250g
鱿鱼 1/2条
卷心菜 2片
洋葱1/2个
青椒 1个
马苏里拉奶酪 1/2杯

调料
辣椒酱 2勺
辣椒粉 0.5勺
酱油 1勺
白糖 1.5勺
蚝油 0.5勺
香油 1勺
蒜末 0.5勺

可代替食材
米条▶打糕片

❶将米条泡在温水中，待米条泡软后，取出沥干。

❷鱿鱼切块，卷心菜和洋葱切丝，青椒切段。

❸烤箱容器中加入米条、鱿鱼、卷心菜、洋葱、青椒，再加入辣椒酱2勺、辣椒粉0.5勺、酱油1勺、白糖1.5勺、蚝油0.5勺、香油1勺、蒜末0.5勺，制作成的调料，搅拌均匀，最后均匀撒上马苏里拉奶酪。

❹放入预热至220℃的烤箱内，烤15分钟。

清蒸鲷鱼

2人份
时间：30分钟

材料
鲷鱼 1条
清酒 少量
盐、胡椒粉 少量
大葱、生姜 少量
小葱 50g（3根）
红辣椒 1/2个
食用油 3勺

调料
蚝油 1勺
清酒 2勺
酱油 少量
白糖 0.5勺
水 3勺

可代替食材
鲷鱼▶石斑鱼
小葱▶大葱

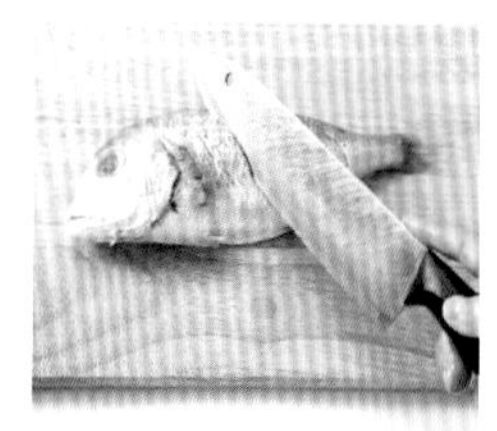

❶鲷鱼去鳞，利用筷子从鱼鳃处将内脏取出，用水清洗，沥干。然后在鱼身上片几刀，用清酒、盐、胡椒粉腌制。

❷大葱、生姜、红辣椒切丝，小葱切段，长为4cm。

❸鲷鱼上放生姜和大葱，在180℃的烤箱中烤20分钟，然后在鱼身上放上小葱和红辣椒，装盘。锅中加蚝油1勺、清酒2勺、酱油少量、白糖0.5勺、水3勺煮开。

❹3勺食用油加热后浇在鲷鱼上，再洒上热调料。

无油养生菜
海鲜杂菜

海鲜杂菜是将多种食材一一炒熟，然后再拌在一起，是韩国的一款特色美食。
传统的制作过程不仅烦琐，而且费油。
烤箱做出来的杂菜，可以同时烤熟食材，且无须用油，口感清淡。
用烤箱可以轻松做出美味烤杂菜。

小贴士：
在烤箱容器中装入食材时，最底层放入水分丰富的食材，中间放粉丝，这样粉丝才不会太干。

2人份
时间：30分钟
（泡发粉条时间除外）

材料
粉条 150g
鱿鱼 1/4条
虾仁 1/4杯
胡萝卜 1/8个
洋葱 1/4个
香菇 3个
菠菜 150g
盐、香油 少量

调料
酱油 3勺
黄砂糖 2勺
盐 1勺
香油 1勺

可代替食材
鱿鱼▶章鱼、墨斗

❶将粉条在温水中浸泡1小时。

❷鱿鱼和虾仁切丝。

❸胡萝卜、洋葱切丝，香菇在水中泡开后切丝，菠菜洗净。

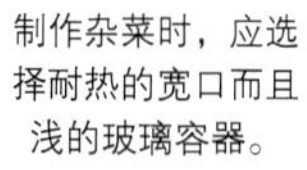

制作杂菜时，应选择耐热的宽口而且浅的玻璃容器。

❹烤箱容器中放入鱿鱼、虾、香菇、蔬菜、泡发的粉条、菠菜等。

❺烤箱容器用锡纸覆盖，放在烤箱的下端，在预热至230℃的烤箱中烘烤20分钟。

❻烤熟后加入酱油3勺、黄砂糖2勺，盐1勺、香油1勺均匀搅拌。

米条肉串

◆◇◆◇◆◇◆◇◆◇◆◇◆

2人份

时间：25分钟

主材料

牛肉（嫩牛肉）200g

米条（20cm长）1条

盐、橄榄油 少量

腌牛肉酱料

酱油 2勺

白糖 0.5勺

糖稀 1勺

清酒 1勺

葱末 1勺

蒜末 0.5勺

芝麻盐 0.3勺

香油 0.5勺

胡椒粉 少量

小贴士：

由多种食材混搭的此类烤串，利用烤箱制作是最好的选择。烤箱烤制，既不会烤煳，而且烤出来的形状也不会有变化。

❶腌制牛肉，用酱油2勺、白糖0.5勺、糖稀1勺、清酒1勺、葱末1勺、蒜末0.5勺、芝麻盐0.3勺、香油0.5勺、少量胡椒粉搅拌均匀，腌制10分钟。

调味时可以少放一些盐。

❷米条切成3cm的段，再从中间切开，在热水中稍微焯一下，加入盐和橄榄油调味。

❸将米条和牛肉串成串。

❹烤盘中铺上烧烤纸或锡纸，放上串，在220℃的烤箱中烘烤7～8分钟。

香葱肉串

2人份
时间：25分钟

主材料
牛肉 200g
香葱 100g
香油 少量

腌牛肉调料
酱油 2勺
白糖 1勺
葱末 0.5勺
蒜末 0.5勺
芝麻盐 少量
香油、胡椒粉 少量

❶牛肉切条，再用刀背轻轻敲打，加入酱油2勺、白糖1勺、葱末0.5勺、蒜末0.5勺、芝麻盐少量、香油及少量胡椒粉腌制10分钟。

❷香葱切成6cm长，如果葱的白色部分过厚，可以用刀背轻轻敲扁，加入少量香油拌匀。

串串时可以多串一些香葱，会更好吃。

❸牛肉条和香葱交替串成串。

❹烤盘中铺上烧烤纸或锡纸，放上串，在220℃的烤箱中烘烤7~8分钟。

牛肉饼

2人份
时间：30分钟

主材料
牛肉馅 200g
豆腐 1/4块
食用油 少量

腌牛肉调料
酱油 2勺
白糖 0.5勺
葱末 2勺
蒜末 1勺
香油 1勺
芝麻盐 1勺
胡椒粉 少量

豆腐调料
盐 少量
香油 0.5勺
胡椒粉 少量

小贴士：
牛肉饼是将牛肉馅做成饼状，然后在肉饼上轻轻切几刀，这样肉饼更容易烤熟。

❶牛肉馅加入酱油2勺、白糖0.5勺、葱末2勺、蒜末1勺、香油1勺、盐1勺、胡椒粉少量后搅拌均匀，腌制5分钟。

❷先将豆腐中的水分去除，再剁碎，加入少量盐、香油0.5勺、胡椒粉少量，搅拌均匀。

❸将肉馅做成方形肉饼，在前后面纵向、横向切几刀。

❹烤盘上抹上食用油，放入肉饼。在220℃的烤箱中烤10分钟。

◆◇◆◇◆◇◆◇◆◇◆◇◆

2人份
时间：25分钟

主材料
牛肉（嫩牛肉）200g
茄子 1个
盐 少量
橄榄油 少量

牛肉调料
酱油 3勺
白糖 1勺
糖稀 1勺
清酒 1勺
葱末 2勺
蒜末 1勺
芝麻盐 0.5勺
香油 1勺
胡椒粉 少量

可代替食材
茄子▶杏鲍菇、口蘑

茄子牛肉串

❶选择嫩牛肉切块、加入酱油3勺、白糖1勺、糖稀1勺、清酒1勺、葱末2勺、蒜末1勺、芝麻盐0.5勺、香油1勺、少量胡椒粉搅拌均匀，腌制10分钟。

❷茄子切断，长为3cm。

❸牛肉和茄子交替串成串。

❹烤盘中铺上烧烤纸或锡纸，放上肉串，在220℃的烤箱内烤10分钟。

烤土豆、烤地瓜、烤鸡蛋

◆◇◆◇◆◇◆◇◆◇◆◇◆

2人份
时间：35分钟

材料
土豆 2个
地瓜 2个
鸡蛋 2个

小贴士：
用烤箱烘烤，不仅可以保存食材中的营养元素，还可以保留食材的原味。

❶土豆、地瓜清洗，无须削皮，可以带皮放入烤箱中烤。如果想吃蒸出来的味道，可以用锡纸将土豆、地瓜包好，再放入烤箱烤。

❷如果在普通的烤箱中烤鸡蛋，需要包上锡纸。如果烤箱拥有蒸汽功能，就无须用锡纸包。

❸将土豆、地瓜在230℃的烤箱中烤20~30分钟。

❹如果使用普通的烤箱烤鸡蛋，需要在180℃的烤箱中，烤15分钟。如果使用蒸汽式烤箱，需要在140℃的烤箱中烤20分钟。

烤香草土豆

2人份
时间：25分钟

材料：
土豆 2个

调料
橄榄油 1勺
卡真粉 1勺
香草盐 少量

可代替食材
土豆 2个▶小土豆15个

小贴士：
卡真粉带有辣味与咸味，制作鸡肉料理时通常会用到卡真粉。卡真粉是香料的一种，可以在香料专卖店买到。使用后剩下的卡真粉，可以放入密封容器中，放在常温的环境下保存。

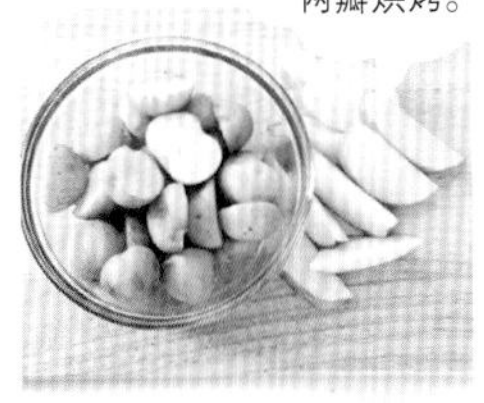

小土豆可以洗净后，带皮切两瓣烘烤。

❶土豆带皮洗净，将土豆切6~8等份。

❷土豆中加入橄榄油1勺、卡真粉1勺，香草盐少量，搅拌均匀。

❸烤盘内铺上烧烤纸或锡纸，放上土豆，在230℃的烤箱中烤15~20分钟。

烤香甜地瓜

◆◇◆◇◆◇◆◇◆◇◆◇◆

2人份
时间：30分钟

材料
土豆 2个
地瓜 2个
酸奶油 1/2杯
西芹粉 少量

奶油调料
黄油 2勺
炼乳 0.5勺

小贴士：
家中冷藏的土豆用锡纸包好，烘烤20~25分钟。

根据地瓜大小，烘烤时间也有所不同，建议准备图中大小的地瓜和土豆。

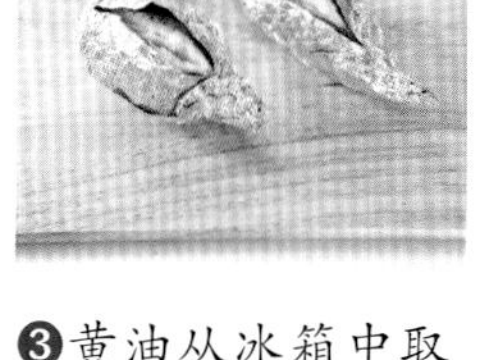

可以用牙签或者筷子插土豆，确认是否烤熟。

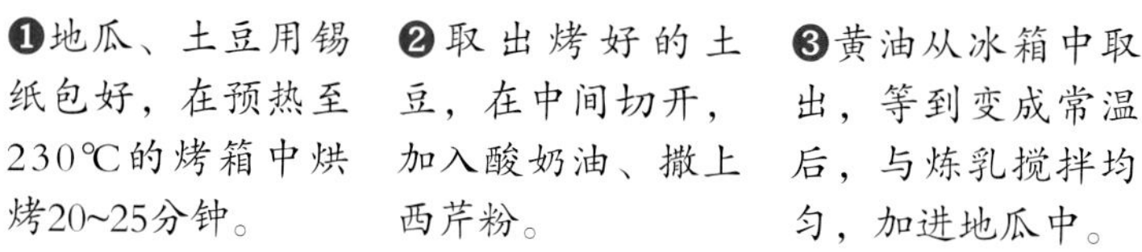

❶地瓜、土豆用锡纸包好，在预热至230℃的烤箱中烘烤20~25分钟。

❷取出烤好的土豆，在中间切开，加入酸奶油、撒上西芹粉。

❸黄油从冰箱中取出，等到变成常温后，与炼乳搅拌均匀，加进地瓜中。

◆◇◆◇◆◇◆◇◆◇◆◇◆

2人份
时间：40分钟

材料
地瓜 2个
芝士片 1片
香蕉 1根
生奶油 2勺
马苏里拉奶酪 1/4杯

芝士焗地瓜

❶地瓜带皮洗净，在220℃的烤箱中烤20~25分钟。烘烤完成后将地瓜切成两瓣，留1cm厚度的瓤，挖出中间的瓜瓤。

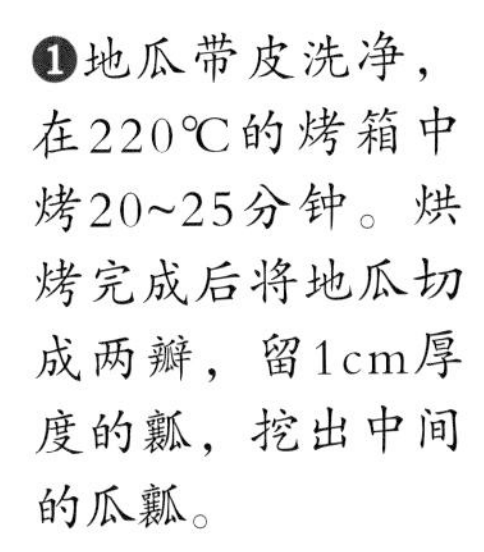

❷芝士片切成段，香蕉切成0.2cm的厚度。

❸挖出的地瓜瓤、芝士片、香蕉、生奶油搅拌均匀。

❹地瓜中加入步骤❸的材料，再放上马苏里拉奶酪。将地瓜放进预热至200℃的烤箱中，烘烤10分钟。

烤南瓜

◆◇◆◇◆◇◆◇◆◇◆◇◆

2人份
时间：30分钟

材料
南瓜 1/2个

小贴士：
南瓜去子，放进烤箱烘烤。烤完可以将南瓜肉取出，做沙拉，也可用来制作马芬蛋糕。

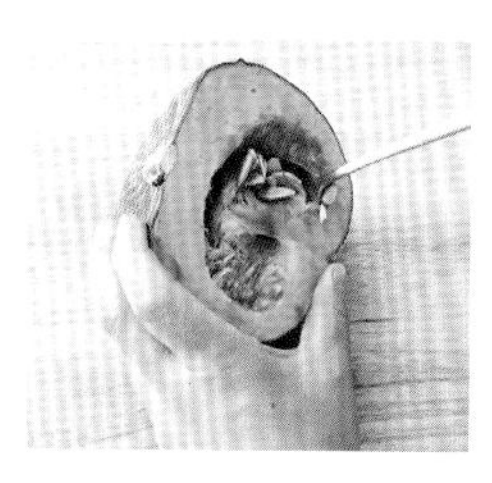

❶用勺子将南瓜子取出，切成大小均等的块。

❷烤盘中放上南瓜，在200℃的烤箱中烘烤20~25分钟。

烤香草南瓜

2人份
时间：25分钟

材料
南瓜 1/2个
橄榄油 2勺
香草盐 少量

可代替食材
香草盐▶盐、胡椒粉

小贴士：
如果使用香草盐，制作过程将很方便。然而如果用罗勒、迷迭香、牛至等干香草片或鲜香草片，味道将更加丰富。

南瓜切成块时，应尽可能大小统一。

❶南瓜带皮洗净，去除南瓜子，切成大小均等的块。

❷烤箱容器中放入南瓜，加入橄榄油和香草盐，再放到烤盘上。

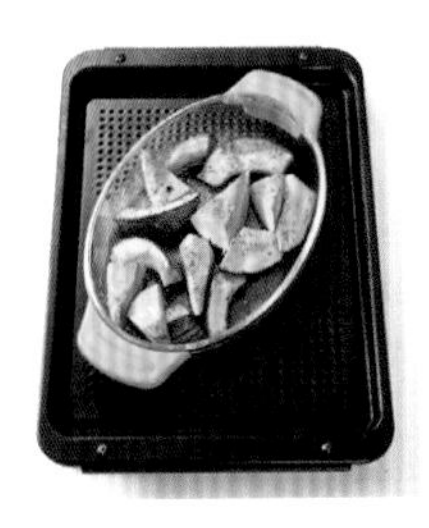

❸在200℃的烤箱中烘烤15~20分钟。

烤大蒜

◆◇◆◇◆◇◆◇◆◇◆◇◆

2人份
时间：20分钟

材料
大蒜 3~4头
橄榄油 少量
盐 少量

小贴士：
烘烤过的大蒜可以打成粉状用于蒜味面包。

❶大蒜带皮简单清洗，切成两半。

❷切半的大蒜，在断面上抹上橄榄油，均匀撒上盐。

❸大蒜放入烤箱容器中，再放到烤盘上。在预热至230℃的烤箱中烘烤15分钟。

烤大蒜银杏

2人份
时间：20分钟

材料
大蒜 10瓣
银杏 10粒
橄榄油 少量
盐、胡椒粉 少量

如果大蒜太大，可以切半。

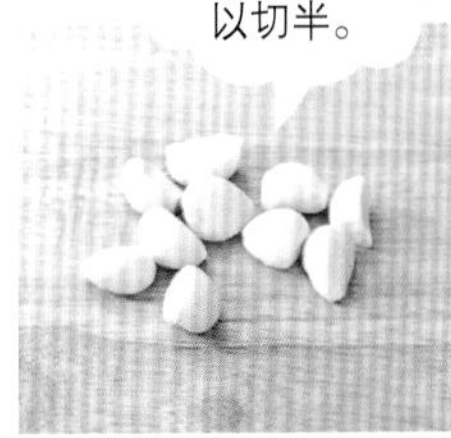

❶大蒜去皮，清水洗净。

❷银杏在煎锅中煎熟，去皮。

❸烤箱容器中放入大蒜和银杏，洒上橄榄油再撒上盐、胡椒粉。

❹预热至200℃的烤箱中烤10分钟。

培根鸡蛋羹

◆◇◆◇◆◇◆◆◇◆◇◆◇◆

2人份
时间：25分钟

材料
培根 4片
鸡蛋 2个
盐、胡椒粉 少量

小贴士：
如果没有培根，只做鸡蛋羹，需要在烤箱专用碗内均匀抹上黄油或食用油。

❶在每个烤箱专用碗内卷入2片培根。

❷打入1个鸡蛋，撒少量盐和胡椒粉。

❸预热至170℃的烤箱中烘烤20分钟。

鸡蛋三明治

2人份
时间：30分钟

材料
鸡蛋 3个
盐 少量
洋葱末 3勺
酸黄瓜末 1勺
沙拉酱 3勺
盐、胡椒粉 少量
三明治面包 4片
芥末酱 少量
生菜 2片
切片火腿 2片

小贴士：
在蒸汽式烤箱内烤鸡蛋时，无须用锡纸包裹鸡蛋。如果是普通的烤箱，需要用锡纸包裹鸡蛋，才可以避免鸡蛋炸碎。

❶鸡蛋用锡纸包好，放入烤盘，在140℃的烤箱中烘烤20分钟。

❷烤熟的鸡蛋剥掉鸡蛋皮，切成末。

❸鸡蛋末中加入洋葱末3勺、酸黄瓜末1勺、沙拉酱3勺搅拌均匀，再加入少量盐和胡椒粉调味。

❹面包片上抹芥末酱，放上生菜、火腿、酱料3勺，盖上面包片，切成适当的大小。

烤豆腐油菜

◆◇◆◇◆◇◆◇◆◇◆◇◆

2人份
时间：25分钟

材料
豆腐 1块
油菜 3棵
绿豆芽 1把
平菇 1/4个
口蘑 1个
柴鱼片 少量

调料
金枪鱼汁 2勺
海鲜汁 5勺
白糖 少许
小葱切丝 1勺
七味唐辛子 少量

可代替食材
七味唐辛子▶辣椒粉
金枪鱼汁2勺▶酱油3勺

小贴士：
海鲜汁是将水1杯，5cm长的方形海带1片，少量柴鱼片煮开，做成海鲜汁。

❶豆腐切成片，油菜洗净、切半。

❷绿豆芽洗净，平菇撕成丝，口蘑切成片。

❸烤箱容器的最底层先放豆腐，然后放绿豆芽、平菇、口蘑、油菜。

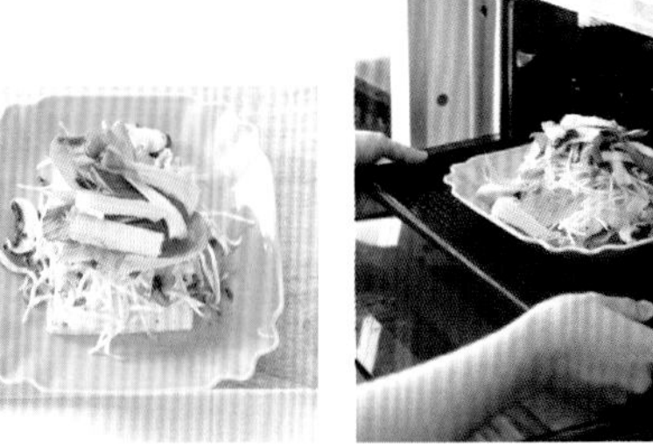

❹在200℃的烤箱中烤15分钟，取出后加入金枪鱼汁2勺、海鲜汁5勺、白糖少许、小葱丝1勺、七味唐辛子少量，搅拌后，再撒少许的柴鱼片。

豆腐坚果沙拉

2人份
时间：20分钟

材料
豆腐 1/2块
坚果（花生、杏仁、核桃、松子）等少量
嫩芽菜 少量

沙拉酱
芝麻 2勺
花生酱 1勺
醋 2勺
白糖 1.5勺
水 3勺
黄芥末 0.5勺
酱油 0.5勺
盐 少量

小贴士：
坚果富含丰富的脂肪，如果生吃会有发潮的味道。因此想要吃更加香浓的味道，应该先在烤箱内烘烤。少量的坚果可以在预热至200℃的烤箱中烘烤3~4分钟。

❶豆腐切块。

❷花生、杏仁、核桃、松子放入预热至200℃的烤箱中烘烤3~4分钟。

❸在搅拌机中放入芝麻2勺、花生酱1勺、醋2勺、白糖1.5勺、水3勺、黄芥末0.5勺、酱油0.5勺、盐少量，搅拌均匀。

❹豆腐、坚果、嫩芽菜放入盘中，再倒入调料。

烤海苔

2人份

时间：10分钟

材料

海苔 5张

香油 4勺

盐 少量

小贴士：

盐可以用竹盐、海盐，或者将大粒盐碾碎。

❶香油均匀抹在海苔上，撒上少量盐，一张一张放起。

❷烤盘中铺好烧烤纸或锡纸，放上烤架，再放海苔。

❸预热至180℃的烤箱中，烘烤5分钟。

坚果糖

4人份
时间：20分钟

材料
核桃 1杯
花生 1/2杯
杏仁 1/4杯
黑芝麻 3勺
食用油 少量

糖稀材料
糖稀 4勺
白糖 3勺
水 2勺

❶核桃、花生、杏仁在预热至200℃的烤箱中烤3~4分钟。

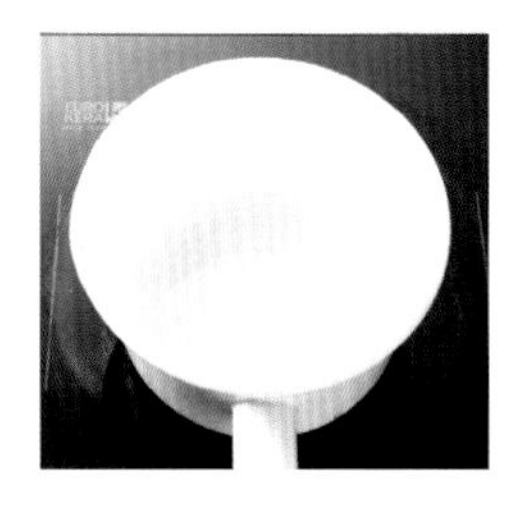

❷锅中倒入糖稀4勺，白糖3勺，水2勺烧开。

❸糖稀烧开时，倒入核桃、花生、杏仁、黑芝麻，调小火，搅拌至出细丝。

❹菜板上铺上一层塑料袋，抹上食用油，倒入坚果，做成自己喜欢的形状。

坚果锅巴

◆◇◆◇◆◇◆◇◆◇◆◇◆

2人份
时间：25分钟

材料
坚果（核桃、南瓜子、松子）等 适量
黑米饭 1碗
食用油 少量

小贴士：
做成锅巴后可以煮着吃，也可以在煮方便面时加1个。

热乎的黑米饭才能与坚果搅拌均匀。如果是凉饭可以在微波炉中加热1分钟，冷藏的饭可以加热2分钟。

❶坚果（核桃、南瓜子、松子）剁碎。

❷热乎的黑米饭中倒入坚果。

❸烤盘中铺上烧烤纸或锡纸，再将拌坚果的黑米饭做成圆饼放入烤盘，抹上食用油。

❹烤盘放入烤箱的下端，在180℃的烤箱中烤15~20分钟，翻面再烤5分钟。

小银鱼锅巴

2人份
时间：30分钟

材料
米饭 1碗
香油 少量
小银鱼 2勺
坚果（核桃、南瓜子、松子）适量

如果香油用得太多，做出来的锅巴颜色不好看，因此只要加少许香油即可。

❶盛有热乎米饭的碗中，加入少量香油。

❷小银鱼在锅中翻炒，不用加油。再将核桃、南瓜子、松子剁碎与小银鱼、米饭均匀搅拌。

❸烤盘内铺上烧烤纸或锡纸，再将米饭做成小圆饼。

❹在180℃的烤箱中烤20分钟，翻面继续烤5分钟。

烤小银鱼

2人份
时间：15分钟

材料
小银鱼 50g
杏仁片 50g

调料
大蒜 2瓣
青椒 1个
酱油 1勺
白糖 0.3勺
糖稀 1勺

小贴士：
烤银鱼无须预热烤箱，如果预热了烤箱，需要缩短烘烤时间避免杏仁烤煳。

❶大蒜切片，青椒切片，然后用清水洗，将青椒子去除。

❷碗中放大蒜、青椒、酱油1勺、白糖0.3勺、糖稀1勺，搅拌。

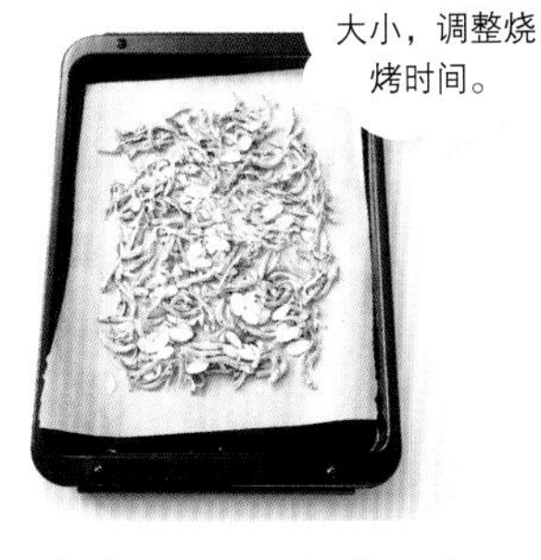

根据小银鱼的大小，调整烧烤时间。

❸烤盘内铺上烧烤纸或锡纸，放入小银鱼和杏仁，在180℃的烤箱内烤8~10分钟。

❹取出小银鱼放入碗里，再加调料，搅拌均匀。

烤箱的神奇魔法，
让食材变身金牌料理

厨房内的众多电器中，功能最全、
使用机会最少的莫过于烤箱。多功能的烤箱，
拥有着神奇的魔法，大家还不知道吧？
知名的西餐厅做出的高端西餐，
丰盛又美味的待客宴，都可以拜托给烤箱来做。
很多人会说烤箱只是个厨房里的摆设，
实际没有太多的用处，然而如果了解烤箱后，
就会爱不释手。尤其是在炎热的夏天，
在灶台旁做菜，
就会有大滴大滴的汗珠顺着脸颊淌下来。
如果用烤箱，只要按下按钮就可以轻松完成。

西班牙海鲜烩饭

西班牙海鲜烩饭是西班牙最具代表性的美食，主要食材为海鲜。作为西班牙的传统美食，是西班牙人在家庭聚会时与家人共同分享美味的食品。

2人份
时间：40分钟

材料
大米 1杯
洋葱 1/4个
甜椒 1/4个
西红柿 1/4个
蚬子 8个
虾 6只

调料
橄榄油 少量
黄芥末粉 1勺
热水 1杯
金枪鱼汁 1勺
盐 少量

可代替食材
黄芥末粉▶咖喱

小贴士：
选择容器时，要选择可以在直火和烤箱中烤的容器，这样可以翻炒食材后，直接放入烤箱中。烤箱是通过提高食材的温度来烹饪的原理，因此如果使用热水，可以加快烤箱做饭的速度。

西班牙海鲜烩饭中，大米的口感应是颗粒饱满，嚼起来粒粒分明，因此不能先将大米泡在水中。

❶大米洗净，沥干。

❷洋葱、甜椒、西红柿切块，蚬子洗净，从脊部取出虾的内脏。

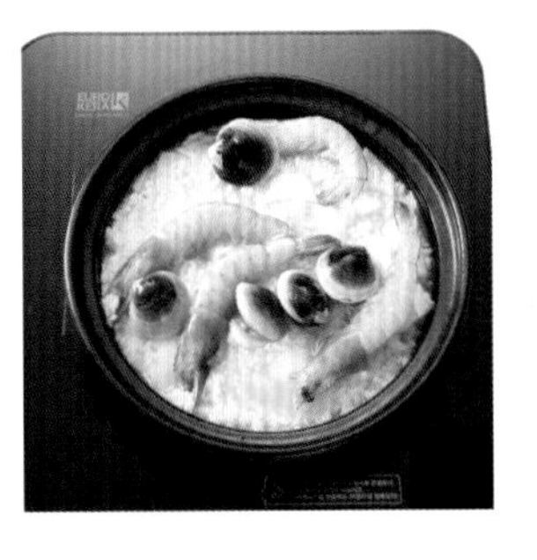

❸容器中洒少量橄榄油，先炒洋葱，待洋葱变成透明状，放入大米炒3分钟，再加入黄芥末粉翻炒，最后加1杯热水和蚬子、虾及金枪鱼汁1勺继续炒。

❹盖上盖子，在250℃的烤箱中烤25分钟，放入甜椒、西红柿和盐调味。

烤鱿鱼饭

每次做烤鱿鱼饭的时候，我都非常感谢家里的烤箱。

如果只有菜和饭，可能只会想到简单的炒饭，然而如果用烤箱，就可以做出丰盛而且上档次的美食。酥脆的面包渣配上鱿鱼与米饭堪称完美结合，用它来招待客人，将得到大家的一致好评。制作过程中也可以用章鱼、墨斗、八爪鱼替代鱿鱼，感受不同季节海鲜带来的不同风味。

◆◇◆

2人份
时间：25分钟

可代替食材
鱿鱼▶墨斗
卡真粉▶辣椒粉

材料
鱿鱼 1只
胡萝卜 1/8个
洋葱 1/6个
甜椒 1/4个
玉米粒 2大勺
米饭 2碗
面包渣 1/2杯

调料
食用油 少量
西芹粉 少量
胡椒粉 少量

鱿鱼腌料
卡真粉 0.3勺
盐、胡椒粉 少量

炒饭调料
盐、香油、黑芝麻 少量

❶去除鱿鱼爪，取出内脏，将鱿鱼洗净。一整条鱿鱼去皮，然后切成0.5cm厚度的鱿鱼圈，加入卡真粉0.3勺、盐和胡椒粉腌制。

❷准备玉米粒、胡萝卜丁、洋葱丁和甜椒丁。

❸热乎的米饭中加入盐、香油、黑芝麻调味，再加入胡萝卜丁、洋葱丁、甜椒丁、玉米粒搅拌均匀。

❹面包渣中加少量食用油、西芹粉搅拌均匀。

❺烤箱容器中按顺序先放饭，然后放鱿鱼，最后撒上面包渣。

也可以在烤盘内铺上烧烤纸，放上食材烘烤。

❻预热至200℃的烤箱中烤10分钟，撒上胡椒粉。

炒饭配菠萝牛肉串

小贴士：
米饭上放上菠萝牛肉串，烘烤过程中，菠萝汁和牛肉汁将渗透到米饭内，所以味道会更好吃。

2人份
时间：30分钟

材料
菠萝（罐头）1块
洋葱 1/4个
甜椒 1/2个
胡萝卜（1cm长）1/2块（20g）
大葱 1根
牛肉（嫩牛肉）200g
凉饭 $1^1/_2$碗

牛肉腌料
酱油 3勺
白糖 0.5勺
糖稀 1勺
料酒 1勺
大蒜末 1勺
香油 0.5勺
胡椒粉 少量

❶菠萝切块，洋葱、甜椒、胡萝卜切成丁，大葱切成末。

❷牛肉中倒酱油3勺，白糖0.5勺，糖稀1勺，料酒1勺，大蒜末1勺，香油0.5勺，胡椒粉少量，搅拌均匀腌制10分钟。

❸牛肉与菠萝交替穿成串。

如果想均匀烤熟菠萝牛肉串，就应该在烘烤7~8分钟后翻面。

❹烤箱容器中放入凉饭、洋葱、甜椒、胡萝卜、大葱搅拌均匀，放上肉串，在220℃的烤箱中烘烤10~15分钟。

鱿鱼沙拉

2人份
时间：25分钟

材料
鱿鱼 1条
七味唐辛子 1勺
沙拉用蔬菜 适量

调料
沙拉用油 2勺
醋 1勺
白糖 少量
洋葱末 2勺
盐、胡椒粉 少量

可代替食材
七味唐辛子▶辣椒粉或细辣椒粉

沙拉用油可以根据自己的喜好用豆油、橄榄油、葡萄子油、葵花油代替。

❶取出鱿鱼内脏，撒上七味唐辛子。

❷烤盘中铺上洗碗巾，用喷壶喷水浸湿，烤架上放鱿鱼，在230℃的烤箱中烤10分钟。

❸沙拉用油2勺、醋1勺、白糖少量、洋葱末2勺、盐和胡椒粉少量搅拌均匀。

❹盘中放入沙拉用蔬菜、鱿鱼圈，再浇上调料。

鸡胸脯沙拉

2人份
时间：25分钟

材料
鸡胸脯肉 2块
沙拉用蔬菜 适量

鸡胸脯腌料
清酒 1勺
盐、胡椒粉 少量

调料
菠萝（罐头）1/2块
沙拉酱 2勺
洋葱 1/8个
白糖 0.5勺
醋 1勺
菠萝汁 1勺
盐、胡椒粉 少量

可代替食材
菠萝▶草莓、猕猴桃

❶鸡胸脯肉加清酒1勺、盐和胡椒粉少量，腌制5分钟。

❷烤盘内铺上烧烤纸或锡纸，放入鸡肉，在200℃的烤箱中烤20分钟。

❸搅拌机中放入菠萝1/2块、沙拉酱2勺、洋葱1/8个、白糖0.5勺、醋1勺、菠萝汁1勺、盐、胡椒粉少量，搅拌均匀。

❹盘中放入切片的鸡胸脯肉和沙拉用蔬菜，浇上调料。

面包粒培根沙拉

2人份
时间：20分钟

材料
培根 3条
切片面包 2片
沙拉用蔬菜 适量

蒜末黄油调料
蒜末 1勺
融化了的黄油 1勺
盐 适量

沙拉调料
洋葱末 4勺
蒜末 0.5勺
黑葡萄醋 1/2杯
白糖 0.5勺
盐、胡椒粉 少量
橄榄油 1/4杯

可代替食材
黑葡萄醋▶红醋、黑醋

❶培根切成适当大小，面包切块，与蒜末1勺、融化了的黄油1勺和适量盐混合成的蒜末黄油酱搅拌。

❷沙拉用蔬菜洗干净后沥干备用。

❸烤盘内铺上烧烤纸，放入培根和面包，在220℃的烤箱内烤5分钟左右。之后与沙拉用蔬菜一起装盘。

❹在平底锅中，先将洋葱末4勺和蒜末0.5勺煸炒，之后放入黑葡萄醋1/2杯，收汁至剩一半左右，继续放入白糖0.5勺、适量的盐和胡椒粉、橄榄油1/4杯，做成沙拉用调料。

蘑菇沙拉

2人份
时间：25分钟

材料
香菇 2个
平菇 1/4包
杏鲍菇 1个
生菜 1/8颗
沙拉用蔬菜 适当
帕玛森芝士 1勺

蘑菇调料
橄榄油 3勺
盐、胡椒粉 少量

沙拉调料
黑葡萄醋 2勺
橄榄油 1勺

小贴士：
如果撒上盐和胡椒粉，放置很长时间，就会腌制出多余水分，使蘑菇口感变硬，所以在烘烤之前撒上调料即可。

❶将生菜用手掰成适当大小，沙拉用蔬菜洗净后沥干。

❷香菇切除根部之后切片备用，平菇切除根部之后用手撕成条状，杏鲍菇切除根部之后切成比手指细的模样。之后往蘑菇里撒上橄榄油3勺和少许胡椒粉。

蘑菇烤得干一些，会更美味。

❸烤盘中铺上锡纸，放入蘑菇，在220℃的烤箱中烘烤10分钟后装盘。在食用之前，将黑葡萄醋2勺和橄榄油1勺放入之前备好的生菜和蔬菜中并搅拌，之后放在蘑菇上面，撒上帕玛森芝士。

海鲜沙拉

在制作海鲜料理时，大家都会觉得有一些难度，因为海鲜有腥味，且操作不当会失去海鲜鲜嫩的口感，难以咀嚼。海鲜有腥味原因之一是不新鲜，但更有可能是因为没有掌握好制作温度。而且料理时间过长，也会导致海鲜肉质变老。不过如果你用烤箱做海鲜料理，那这两个问题也就迎刃而解了。不用加水且料理温度恒定，那海鲜也会保持它的原汁原味，口感柔软。如果你没有准备沙拉用蔬菜的话，也可以将海鲜沙拉改换成海鲜烧烤，烤完后蘸粗辣椒酱享用。

小贴士：
烤大量的海鲜时，不要都混合在一起烘烤，而是分种类地烘烤。而且烘烤时，需要将熟的海鲜拿出来，并继续烘烤剩下的海鲜，这样才能吃到口感鲜嫩的海鲜。

2人份
时间：25分钟

可代替食材
芥末酱▶青芥辣酱、黄芥末酱

材料
猕猴桃 1个
橙子 1/2个
洋葱 1/4个
沙拉用蔬菜 少量
虾（中虾）4只
蚬子 8个
鱿鱼 1/2条
白葡萄酒 2勺
盐、胡椒粉 少量

柠檬调料
橄榄油 2勺
柠檬汁 2勺
西芹粉 少量
盐、胡椒粉 少量

芥末调料
橄榄油 2勺
醋 1勺
蒜末 0.3勺
芥末酱 少量

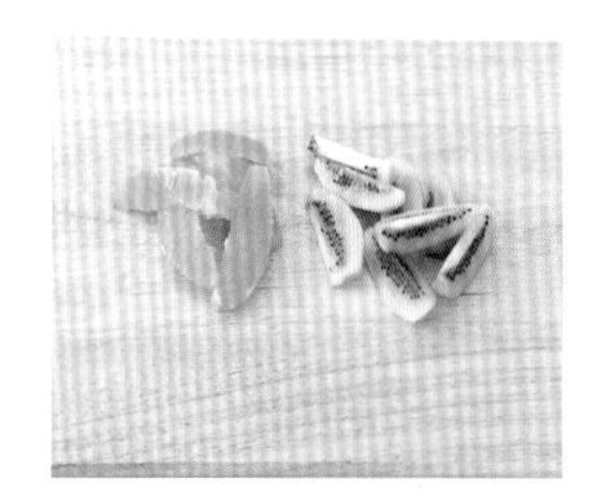

❶猕猴桃和橙子去皮后，切成长条。

❷洋葱切成薄薄的洋葱圈，短时间泡在水里，之后捞出备用。沙拉用蔬菜洗净后，先泡在凉水中，之后沥干。

❸虾去除背部的内脏，蚬子泡在盐水中去除海腥味，鱿鱼撕掉外膜后，在内侧切花纹，再切成适当大小的块状。

❹烤盘内铺上锡纸，放入海鲜，在200℃的烤箱中烘烤10分钟左右。

❺橄榄油2勺、柠檬汁2勺、西芹粉和少量盐与胡椒粉做成调料，放入海鲜中腌制5分钟。将猕猴桃、橙子、洋葱和沙拉用蔬菜混合后装盘，之后放橄榄油2勺、醋1勺、蒜末0.3勺和少量的芥末酱，搅拌即可。

烤猪颈肉沙拉

这是一道非常有名的西餐。猪颈肉搭配上足够的蔬菜，不仅量很丰盛，而且非常好吃。虽然只是一道沙拉，不过作为主食其实也是毫不逊色的，因此可以将这道菜作为待客用的主菜。

2人份
时间：30分钟

可代替食材
口蘑 ▶ 杏鲍菇、平菇、香菇

材料
猪颈肉 200g
盐、胡椒粉 少量
红酒 1勺
口蘑 3个
沙拉用蔬菜 适量
沙拉调味料 适量

玉米沙拉材料
红甜椒 1/8个
玉米（罐头）1/4杯
盐、白糖 少量
醋 少量

猪排酱调料
红酒 1/4杯
伍斯特调料 2勺
白糖 1勺
盐 少量

❶少量的盐和胡椒粉、红酒1勺放入准备好的猪颈肉中腌制。烤盘内铺上锡纸，放上猪颈肉，在250℃的烤箱中烘烤10分钟，装盘备用。

❷口蘑是按照原样，厚厚地切片，沙拉用蔬菜洗净后沥干。

❸将红甜椒切成丁，与玉米、盐、白糖和少量的醋一起搅拌。

❹锅里放入红酒1/4杯、伍斯特辣酱油2勺、白糖1勺、少量盐和口蘑，煮5分钟，之后撒在猪颈肉上面。与蔬菜沙拉和玉米沙拉一起装盘。

番茄蘑菇酱配汉堡牛排

每次做汉堡时总会想起小肉饼。我们经常吃豆腐，所以会往肉里添加豆腐做成肉饼，而西方人吃的是面包，所以会往肉里添加面包屑做肉饼。它们其实是形似而神不似，形不似而神似的料理。汉堡牛排中的面包屑，可以尝试用豆腐代替。

小贴士：
汉堡牛排的味道取决于牛肉末和猪肉末的比例，可以按照个人的喜好，调节比例。

2人份
时间：35分钟

可代替食材
豆蔻▶迷迭香、牛至
番茄汁▶番茄酱

材料
洋葱 1/2个
食用油 少量
牛肉末 100g
猪肉末 100g
面包屑 1/4杯
牛奶 1/4杯

番茄酱 0.3勺
豆蔻 少量
鸡蛋 1/2个
蒜末 0.5勺
盐 少量
马苏里拉奶酪 适量

番茄蘑菇酱
番茄 1/2个
平菇 1把
口蘑 4个
洋葱 1/4个
番茄酱 4勺

❶剁碎1/2的洋葱，然后在平底锅里倒入食用油，炒至变成褐色。

❷将牛肉末、猪肉末、面包屑、牛奶、番茄酱、豆蔻、鸡蛋、蒜末和盐搅拌均匀后，开始拍打食材至有韧劲为止，然后捏成扁扁的小圆饼。往锅里倒入食用油，用大火煎肉饼的两面，1分钟即可。

❸将要用作酱汁的番茄切成大块，平菇去根部后撕成条状，口蘑按原样切片，洋葱切丝备用。

❹往盆里放入番茄、平菇、口蘑和番茄酱4勺后混合搅拌。

❺烤盘中放入小肉饼，之后撒上番茄蘑菇酱和马苏里拉奶酪，在220℃的烤箱内烤10分钟。

鸡肉里脊串

◆◇◆◇◆◇◆◇◆◇◆◇◆

2人份
时间：25分钟

材料
鸡肉（里脊）8块
沙爹酱 1袋
食用油 少量

特质花生酱
花生酱 2勺
花生碎 0.5勺
白糖 0.5勺
醋 0.5勺
料酒 1.5勺

小贴士：
如果没有沙爹酱，可以往酸奶1/4杯中加入咖喱粉2勺，混合后腌制5分钟使用。

❶沙爹酱放入鸡里脊肉中，腌制20分钟。

❷将鸡肉穿成串，在200℃的温度下烤10分钟。

❸花生酱2勺，与花生碎0.5勺、白糖0.5勺、醋0.5勺、料酒1.5勺搅拌。

❹将烤好的鸡肉装盘，旁边配上花生酱。

烤三文鱼

2人份
时间：30分钟

材料
三文鱼 2块
洋葱 1/4个
蒜 4瓣
西兰花 1/6朵
盐、胡椒粉 少量
橄榄油 少量

秘制三文鱼材料
柠檬汁 1勺
橄榄油 1勺
盐、胡椒粉 少量

酱料
沙拉酱 4勺
柠檬汁 2勺
洋葱末 1勺
菠萝末 1勺
腌黄瓜末 1勺
续随子 0.5勺
盐、胡椒粉 少量

❶三文鱼上倒入柠檬汁1勺、橄榄油1勺、少量的盐和胡椒粉腌制10分钟。

撒上盐和胡椒粉之后，再拌上橄榄油，更容易入味。

❷洋葱切丝，蒜切片，西兰花切成适当的大小，撒上少量的盐和胡椒粉，再拌上橄榄油。

❸烤盘内铺上锡纸，放上洋葱、蒜、西兰花和三文鱼，在250℃的烤箱内烤15分钟，之后装盘。

❹搅拌沙拉酱4勺、柠檬汁2勺、洋葱末1勺、菠萝末1勺、黄瓜末1勺、续随子0.5勺和少量的盐与胡椒粉，做成酱汁，搭配食用。

烤培根猪里脊

烤猪里脊应该不会像牛里脊牛排似的受到全体男女老少的喜爱。但是通过恰当的制作过程，也可以将价格低廉的猪里脊的口感变得既嫩又美，成为家庭餐桌上的一道受欢迎的料理。可以用烤箱把猪里脊的这种魅力给烤出来。

小贴士：
如果里面的猪里脊没熟，而外层的培根已经烤得变色了的话，可以用锡纸包上培根。这样培根不会变色，里面的猪里脊肉还会烤熟。

2人份
时间：40分钟

材料
猪肉（猪里脊）300g
盐、胡椒粉 少量
洋葱 1/4个
蒜 2瓣
平菇 1把
食用油 少量
培根 8条

可代替食材
猪肉▶鸡胸脯肉

❶猪里脊肉用少量的盐和胡椒粉腌制。

❷剁碎洋葱、蒜和平菇，往锅里倒入食用油后，稍微翻炒。

❸锡纸上先铺几条培根后，往上面薄薄铺一层炒过的蔬菜，之后再放上厚厚的猪里脊，最后像卷紫菜包饭似的卷培根。

❹烤盘内铺上洗碗巾，用喷壶喷水浸湿，之后放上烤架，最后放上猪肉。在180℃的烤箱内烤30分左右。等稍微凉了之后，切成适当大小。

烤鸡

在西方的圣诞节派对中，必不可少的是烤鸡和一杯香醇红酒。烤鸡在我们国家的宵夜菜单中也是一道热门菜品，烤鸡配上一杯爽口的啤酒让味蕾享受美食带来的诱惑。通过烤箱烤出鸡肉中的油分，晚上吃也不会有太大的负担。如果很忙，也可以购买鸡腿，切成适当鸡肉块来烘烤。

2人份
时间：60分钟

材料
鸡 1只（900g~1kg）
洋葱 1个
土豆 2个
南瓜 1/4个
橄榄油 少量
黄芥末酱 少量

鸡肉调味料
橄榄油 2勺
盐、胡椒粉 少量

小贴士：
如果一直用高温烘烤鸡肉，那很容易外层烤焦，而里面还没熟，所以外层变金黄色之后，就需要低温烘烤至里面熟为止。鸡胸脯部位有可能颜色会比别的部位深，那可能需要用锡纸包上颜色深的部位。吃剩下的烤鸡，可以剔除骨头后，做成沙拉或炒饭的材料。如果想继续加热，相比微波炉加热，可以在200℃的烤箱中烘烤10分钟左右，反而可能更像是刚刚烘烤出来的，非常美味。

❶鸡肉切除鸡屁股部分后，把肚子里的内脏和鸡皮上的油分和血清除掉，之后清洗。沥水后，撒上橄榄油2勺和少量的盐与胡椒粉。

❷洋葱切成大块状，土豆和洋葱切成适当大小。

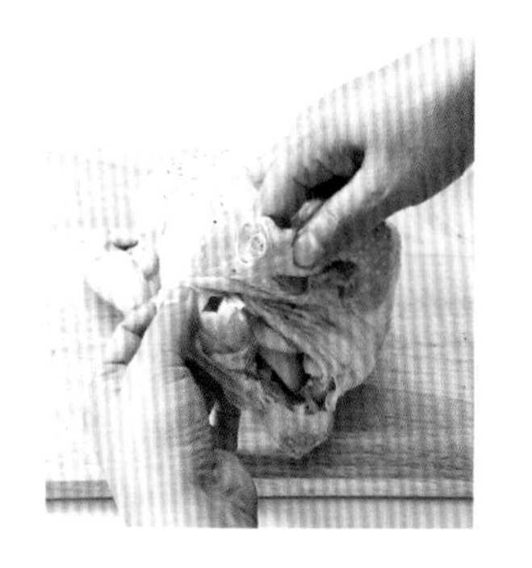

❸往鸡肚子里填满洋葱后，为了固定双腿，把一只腿内侧的鸡皮切开1cm大小的缝，然后把另一只腿插到这个缝里固定，或者也可以用线将双腿绑成X形。

❹烤盘中铺上锡纸后再铺上洗碗巾，之后用喷雾器喷湿，放上烤架，最后放上土豆、鸡肉和南瓜。

❺在250℃的烤箱中烘烤25分钟左右后，降温至230℃，继续烘烤15分钟左右。烤制过程中需要用毛刷在鸡肉上刷橄榄油，烤成金黄色后就可装盘，配上黄芥末酱食用。

盐烤香草鸡

◆◇◆◇◆◇◆◇◆◇◆◇◆

2人份
时间：40分钟

材料
鸡 1只（600~700g）
蛋白 1个
大粒盐 2杯

可代替食材
鸡肉▶鲷鱼

小贴士：
盐烤香草鸡可以直接带着烤盘上桌，在餐桌上敲开盐后食用。鸡肉无须提前用盐腌制了。可以使用以前做完糕点之后，冷冻保存下来的蛋白，放入盐烤香草鸡当中。

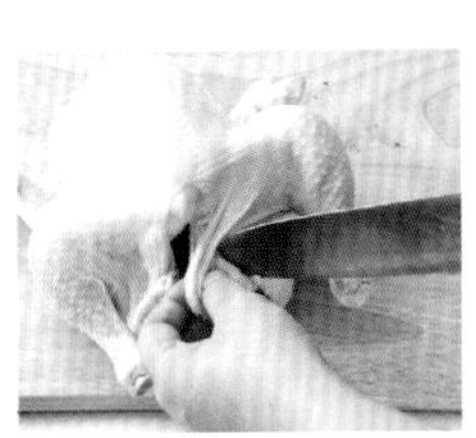

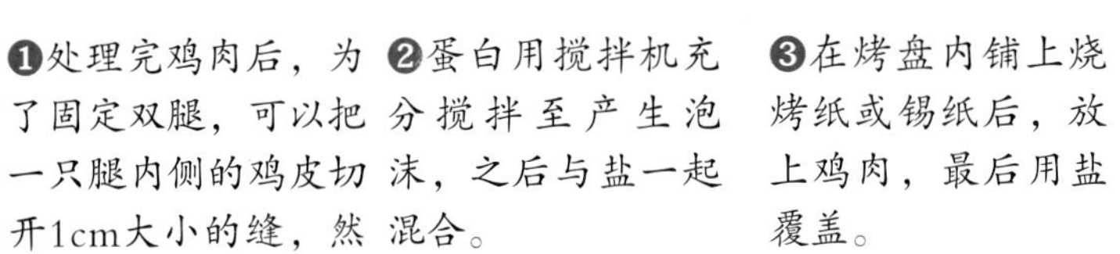

❶处理完鸡肉后，为了固定双腿，可以把一只腿内侧的鸡皮切开1cm大小的缝，然后把另一只腿插到这个缝里头固定，或者也可以用线将双腿绑成X形。

❷蛋白用搅拌机充分搅拌至产生泡沫，之后与盐一起混合。

❸在烤盘内铺上烧烤纸或锡纸后，放上鸡肉，最后用盐覆盖。

❹在预热至220℃的烤箱内，烘烤30分左右。

唐杜里鸡和土豆

2人份
时间：35分钟

材料
鸡腿 8个
酸奶 1杯
唐杜里酱 1袋（1/4杯）
土豆 1个

可代替食材
唐杜里酱1袋►咖喱粉3~4勺

小贴士：
可以用姜黄、细辣椒粉等香料混合成自己喜欢的口味，来代替唐杜里酱，或者也可以用市场上销售的咖喱粉来代替。

❶鸡肉切出花纹，土豆切成合适的大小。

可以在大型超市或东南亚的食材商铺购买唐杜里酱。

❷往鸡肉和土豆里洒上酸奶和唐杜里酱后，腌制10分钟。

❸烤盘中铺上锡纸后再铺上洗碗巾，之后用喷壶喷湿，放上烤架，最后放上鸡腿和土豆。

❹在230℃的温度下烘烤20~25分钟。

辣味烤鸡翅

2人份
时间：25分钟

材料
鸡翅 10个

鸡翅腌料
料酒 1勺
盐 少许

鸡肉腌制调味料
豆瓣酱 2勺
白糖 0.5勺
糖稀 1勺
辣椒酱 0.5勺
蒜末 0.5勺

小贴士：
在涂抹酱汁之前，如果鸡翅已经上色较严重的话，可以将250℃降温成220℃，再涂抹酱汁烘烤，这样颜色也会非常好看。

❶洗净鸡翅后，用刀切出花纹，以料酒1勺和少量的盐腌制。

❷烤盘内铺上锡纸后再放上洗碗巾，之后用喷壶喷湿，然后放烤架，最后放上鸡翅，在250℃的烤箱中烘烤15分左右。

❸混合豆瓣酱2勺、白糖0.5勺、糖稀1勺、辣椒酱0.5勺和蒜0.5勺，制作酱汁。

❹在鸡翅上均匀涂抹酱汁，然后在250℃的烤箱中继续烘烤5分钟左右。

烤鸡翅

◆◇◆◇◆◇◆◇◆◇◆◇◆

2人份
时间：25分钟

材料
鸡翅 8个
细辣椒粉 0.5勺
盐、胡椒粉 少量
黄油 3勺

小贴士：
如果没有细辣椒粉，可以稍微添加彩椒粉来代替使用。

❶洗净鸡翅后，用刀切出花纹，用细辣椒粉0.5勺和少量的盐与胡椒粉腌制。

在烘烤的7~8分钟时间内，中途可以拿出来，分成两次涂抹黄油，那烤制的颜色会更加漂亮哦。

❷烤盘内铺上锡纸后再放上洗碗巾，之后用喷壶喷湿，然后放烤架，最后放上鸡翅，在220℃的烤箱中烘烤10分钟左右。将黄油放入微波炉里加热10秒左右，均匀涂抹于鸡翅上，继续烘烤7~8分钟。

烤柠檬酱鸡腿

与传统烤全鸡相比，烤箱可以烧烤更多的鸡腿，以此更直接地满足了家人们对鸡腿情有独钟的偏爱。

2人份
时间：40分钟

可代替食材
鸡腿▶鸡翅

材料
鸡腿 4个
柠檬 1/2个
沙拉用蔬菜 50g
西芹粉 少量

秘制鸡肉材料
咖喱粉 2勺
橄榄油 1勺
蜂蜜 1勺
蒜末 1勺
盐、胡椒粉 少量
西芹粉 少量

酱汁材料
蜂蜜 2勺
白葡萄酒 2勺
柠檬汁 2勺
水 1/4杯
酱油 1勺
橄榄油 1勺
柠檬皮屑 1勺
盐、胡椒粉 少量

❶鸡腿处理干净，用水清洗，沥水备用。

❷混合好咖喱粉2勺、橄榄油1勺、蜂蜜1勺、蒜末1勺、盐和胡椒粉以及少量的西芹粉后，涂抹于鸡肉上腌制20分钟左右。

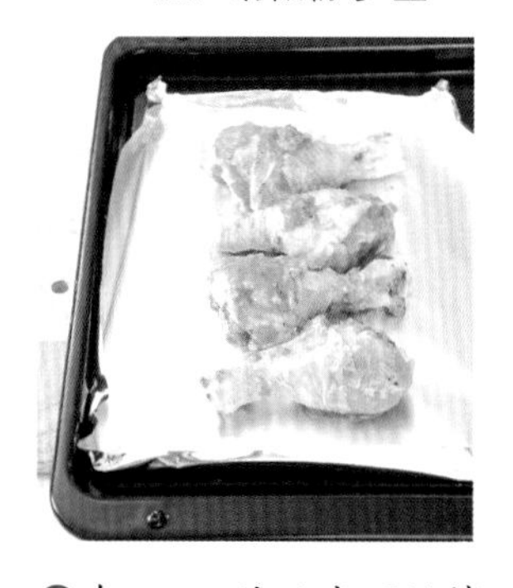

❸在200℃的温度下烘烤秘制鸡肉30分钟。

❹往锅里放蜂蜜2勺、白葡萄酒2勺、柠檬汁2勺、水1/4杯、酱油1勺、橄榄油1勺、柠檬皮1勺和少量的盐与胡椒粉，熬5分钟左右，酱汁变得黏稠为止。

可以搭配加了调味料的蔬菜沙拉或直接撒上盐和胡椒粉后享用。

❺洗净沙拉用蔬菜后装盘，上面继续放上鸡肉，之后浇上酱汁和西芹粉。

香肠烤豆

在制作烤箱料理时，只要把准备好的食材放入烤箱，按下计时器按钮就能完成了。不用担心“东西会不会煳呢”，“汤会不会溢出来呢”等问题。香肠烤豆是特意为那些对做菜没有自信的人们所准备的一道料理。

小贴士：

如果没有专门的番茄酱料，可以往锅里放蒜、辣椒酱、番茄酱和白糖煮开来代替使用。

2人份
时间：30分钟

材料
香肠 8个
彩椒 1/2个
洋葱 1/4个
玉米（罐头装）1/4杯
烤豆（罐头装）1个

番茄酱汁 1/4杯
面包屑 少量
西芹粉 少量

可代替食材
香肠▶火腿、条形打糕、鱼饼

❶在香肠上切出斜线刀花。

❷彩椒和洋葱切成玉米粒大小的形状，玉米粒沥水备用。

❸混合彩椒、洋葱、玉米、烤豆和番茄酱汁。

如果是用可直接放在餐桌上的烤盘（薄且宽）来烘烤的话，可以不垫锡纸，直接装盘。

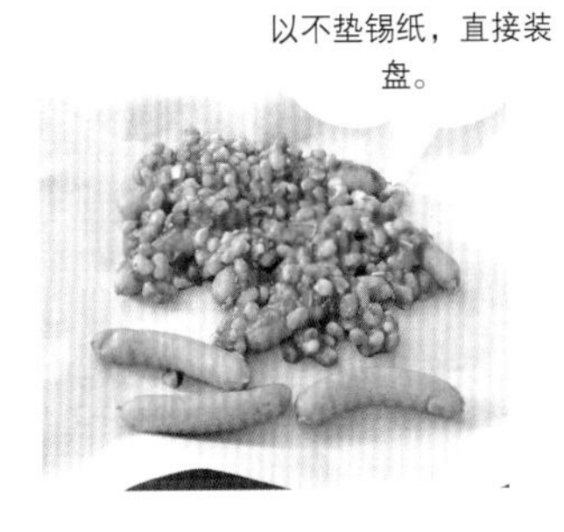

❹烤盘铺上锡纸后，有间隔地放上香肠。往香肠上放步骤❸的食材，之后撒上面包屑。

❺在预热至200℃的烤箱中烘烤10分钟，之后撒上西芹粉。

自制香肠

大家普遍认为香肠是用劣质肉以及多种添加剂制成的，一说吃香肠，都会认为不利于健康。所以为了爱吃香肠的小朋友们，准备了这道用烤箱做的自制香肠料理。可以挑战做一次由牛肉、猪肉、鸡肉、鸭肉和海鲜做成的不同口味的香肠。

小贴士：
也可以将自制香肠做成面团状，作汉堡的肉饼使用。

2人份
时间：30分钟

可代替食材
木耳▶坚果类

材料
洋葱 1/4个
泡发的木耳 1个
青辣椒 1个
橄榄油 少量
盐 少量
牛肉末 100g
猪肉末 100g

蒜末 1勺
淀粉 2勺
小番茄 8个
口蘑 4个

牛肉、猪肉腌料
金枪鱼汁 1勺
盐、胡椒粉 少量

❶剁碎洋葱，泡发的木耳挤掉水分后切除根部再剁碎，青辣椒去除根部后，把辣椒切成4等份（带子），之后剁碎。

❷往平底锅里放入橄榄油，炒洋葱、木耳以及青辣椒，之后放盐。

❸搅拌牛肉末和猪肉末后，用金枪鱼汁1勺、盐和胡椒粉腌制，之后放入蒜末1勺、洋葱、木耳、辣椒和淀粉2勺，并混合搅拌。

❹和馅至有韧劲为止，并捏出香肠状的长条形。烤盘中铺上烧烤纸或锡纸，放入香肠，并把对半切的小番茄和口蘑也放上去，再稍微洒上橄榄油，之后在220℃的烤箱中烘烤10~15分钟。

香肠蔬菜卷

◆◇◆◇◆◇◆◇◆◇◆◇◆

2人份
时间：25分钟

材料
香肠 4个
茄子 1个
盐 少量
培根肉 4条
黄芥末酱 少量

可代替食材
茄子▶西葫芦

小贴士：
如果用切片刀或削皮刀切茄子，更便于切成同等厚度的茄子。

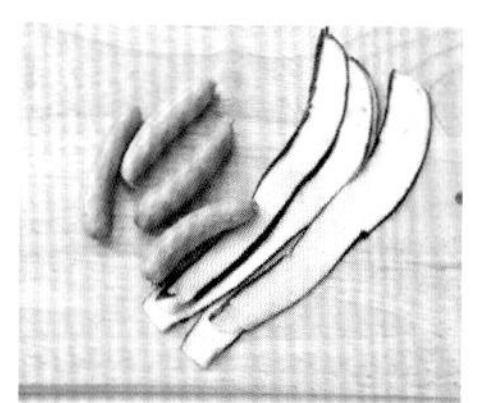

❶香肠切出刀花，茄子切成长条形的薄片，之后撒点盐。

❷用茄子包住香肠后，再用培根卷起来。

❸烤盘中铺上锡纸后再铺上洗碗巾，之后用喷雾器喷湿，放上烤架，最后放上香肠卷。在200℃的烤箱中烘烤10分钟左右，配上黄芥末酱享用即可。

彩椒烤牛肉

2人份
时间：35分钟

材料
彩椒 2个
豆腐 1/4块
牛肉末 150g

内馅材料
酱油 2勺
白糖 1勺
蒜末 1勺
切碎的细葱 2勺
香油 少量
芝麻盐 少量
胡椒粉 少量

可以用辣椒或洋葱来代替彩椒，也很美味哦。

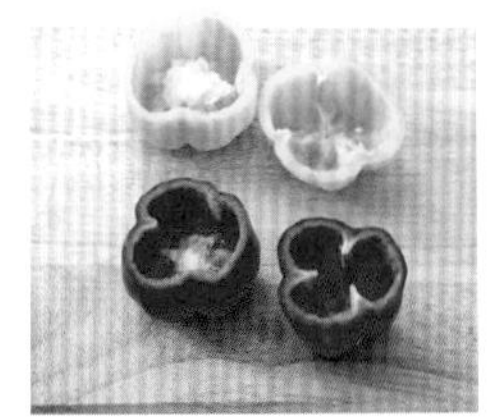

❶彩椒横着对半切，去子。

❷碾碎豆腐后与牛肉混合，之后放入酱油2勺、白糖1勺、蒜末1勺、切碎的细葱2勺和少量的香油、芝麻盐与胡椒粉。

❸往彩椒里填满步骤❷的内馅。

❹烤盘中铺上烧烤纸或锡纸后，放入彩椒，在200℃的烤箱中烘烤15分钟左右。

烤白肉海鲜

◆◇◆◇◆◇◆◆◇◆◇◆◇◆

2人份
时间：25分钟

材料
白肉海鲜（冻明太鱼或鳕鱼）200g
盐、胡椒粉 少量
芥末籽 1勺
面包屑 1杯
西芹粉 少量
柠檬 1/2个
橄榄油 1/4杯

❶白肉海鲜指冻明太鱼或鳕鱼，切成大块，用盐和胡椒粉腌制，之后涂抹芥末籽。

❷混合面包屑和西芹粉，柠檬切片备用。

也可以往烤盘中铺上锡纸后，放上柠檬，再放海鲜。

❸将面包屑均匀涂抹于海鲜上，烤盘中放上柠檬后，再放海鲜。

❹均匀洒上橄榄油1/4杯，然后在200℃的烤箱中烘烤15分钟。

烤红酒海鲜

2人份
时间：30分钟

材料
白肉海鲜 200g
小土豆 6个
圣女果 6个
蛤仔（去掉腥味）100g
白葡萄酒 4勺
金枪鱼汁 0.5勺
盐、胡椒粉 少量

白肉海鲜腌制材料
盐、胡椒粉 少量
牛至 少量

可代替食材
蛤仔▶蚬子

小贴士：
如果选用耐热玻璃或瓷器制成的烤盘，可以直接端到餐桌上，吃的时候也是热乎乎的。

请使用罗勒或迷迭香等比较新鲜的香料。

❶切成片状的白肉海鲜，撒上盐和胡椒粉后，再撒牛至。

❷小土豆和圣女果切成两瓣。

❸往烤箱用容器里放入海鲜、蛤仔、小土豆和圣女果，之后均匀地洒上白葡萄酒。

❹撒上金枪鱼汁0.5勺、盐和胡椒粉后，放入200℃的烤箱里，烘烤25分钟。

烤鲜奶油红蛤蜊

由于它的红色外壳，大家都称之为红蛤蜊，其实每个地方所叫的名字都不一样。也可称为花蛤、文蛤、西施舌。天气转凉时，能喝到热热的红蛤蜊汤也很好，但是往红蛤蜊上放上一堆鲜奶油来烘烤并享用，那感觉就像是置身于法国餐桌上似的。虽然大家料理方式有所不同，不过都有一颗发现美食的心。

◆◇◆

2人份
时间：20分钟

材料
红蛤蜊 2把（10个左右）
洋葱 1/4个
甜椒 1/2个
红色甜椒 1/2个
马苏里拉奶酪 适量

奶油酱材料
面粉 0.5勺
黄油 0.3勺
鲜奶油 1/4杯
牛奶 1/2杯
西芹粉 少量
盐、胡椒粉 少量

❶将红蛤蜊的须拉起来后，用剪子剪掉，然后清洗干净。

❷剁碎洋葱和红色甜椒。

❸往锅里倒入水，没过红蛤蜊即可，之后煮到红蛤蜊开口，将没有肉侧的外壳撕掉。

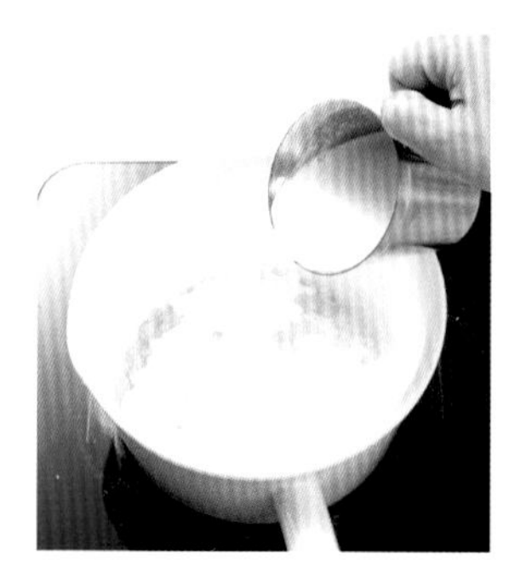

❹平底锅中先炒面粉0.5勺和黄油0.3勺，之后放入鲜奶油1/4杯和牛奶1/2杯，混合搅拌，煮5分钟，之后放入盐和胡椒粉调味。

❺往剩下一侧外壳的红蛤蜊上放剁碎的洋葱和甜椒，撒上奶油酱和马苏里拉奶酪。在预热至220℃烤箱中烘烤10分钟。

烤鱿鱼蔬菜

2人份
时间：25分钟

材料
鱿鱼 1条
洋葱 1个
蒜苗 2根
红色甜椒 1/2个
盐 少量
沙拉酱 3勺

鱿鱼腌制材料
酱油 2勺
蒜末 1勺
胡椒粉 少量

可代替食材
蒜苗▶四季豆、甜椒、西兰花

❶去掉鱿鱼的内脏后，切成1cm大小的厚度，用酱油2勺、蒜末1勺和少量的胡椒粉，腌制5分钟。

❷将洋葱切成环状，蒜苗和红色甜椒切成4cm大小的长条形。

❸烤盘中铺上烧烤纸或锡纸后，放洋葱，之后放鱿鱼、蒜苗和红色甜椒，在200℃的烤箱中烘烤10~15分钟。

将沙拉酱放入裱花袋或酱料瓶，均匀地挤出来。

❹鱿鱼熟了后，挤沙拉酱。

2人份
时间：35分钟

材料
土豆 2个
洋葱 1/2个
口蘑 2个
培根 2条
马苏里拉奶酪 1/2杯

白色酱汁材料
黄油 1.5勺
面粉 2勺
牛奶 $1^1/_2$杯
盐、胡椒粉 少量

可代替食材
培根▶火腿

小贴士：
做白色酱汁时，需要炒面粉和黄油，不过黄油容易变色，所以应该开小火，不停地搅拌。

脆皮焗土豆

❶煮熟土豆后碾碎，洋葱切丝，口蘑切成扁扁的形状。

❷培根切成适当大小后，放在平底锅里炒一会儿，之后放入洋葱和口蘑，继续炒。

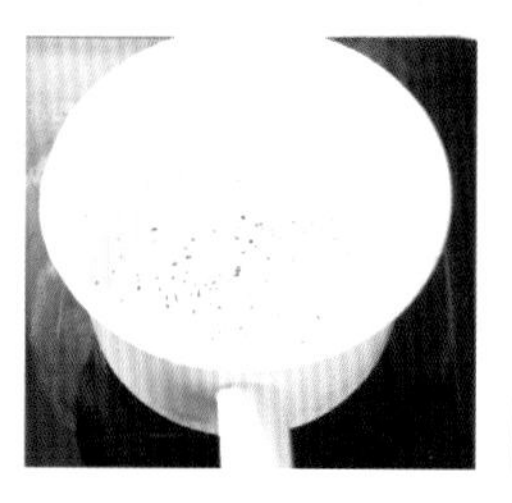

❸做白色酱汁。往锅里放入黄油1.5勺和面粉2勺，在小火状态下炒一会儿，之后放入牛奶$1^1/_2$杯，搅拌至没有结块为止，最后撒一点盐和胡椒粉调味。

❹往烤碗里，装入土豆、洋葱、口蘑和培根，洒上白色酱汁和马苏里拉奶酪。在230℃的烤箱中烘烤10分钟左右。

烤金枪鱼螺旋通心粉

将海鲜、肉、鸡蛋、蔬菜、意大利面等多种材料混合在一起，加入酱汁，盛到烤碗里，然后洒上马苏里拉奶酪，放进烤箱烘烤，这就叫作焗菜（Gratin）。每次吃这道料理时，总能想到我国的石锅。可以按照人数准备小的烤碗，也可以直接使用石锅来做。

小贴士：
煮意大利面的用量是1L水加上1勺盐。

2人份

时间：35分钟

材料

金枪鱼罐头 1个
螺旋通心粉 100g
熟鸡蛋 2个
豌豆 2勺
马苏里拉奶酪 1/2杯
片状芝士 1片
食用油 少量
盐、胡椒粉 少量

咖喱酱汁材料

口蘑 2勺
黄油 1.5勺
面粉 1.5勺
咖喱粉 0.5勺
牛奶 $1^1/_2$杯
盐、胡椒粉 少量

可代替食材

螺旋通心粉 ▶ 通心粉、空心面

❶将金枪鱼罐头控油，煮熟的鸡蛋切成4等份，口蘑切片。

❷煮开水，放入盐和螺旋通心粉，煮8分钟，之后不要过凉水，直接捞出通心粉。

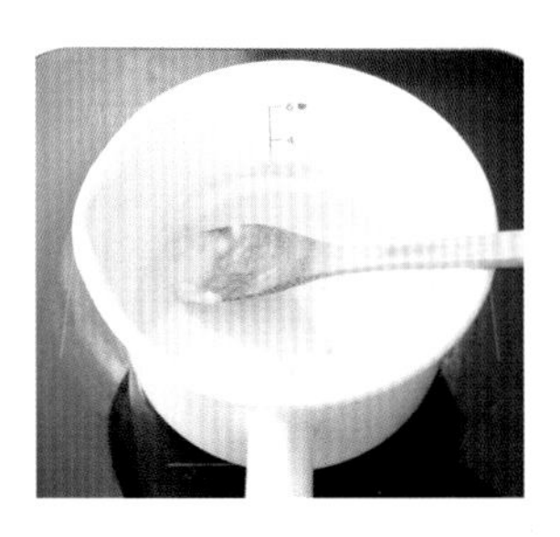

❸做咖喱酱汁。往锅里放入黄油1.5勺、面粉1.5勺和咖喱粉0.5勺，在小火状态下炒一会儿，之后放入口蘑继续炒，再加入牛奶$1^1/_2$杯，搅拌至没有结块为止，最后撒一点盐和胡椒粉。

❹混合好金枪鱼、通心粉、鸡蛋和豌豆后，放入烤碗中，之后在上面均匀地洒上咖喱酱汁，最后放马苏里拉奶酪和片状的芝士，在230℃的烤箱中烘烤10分钟左右。

番茄乳蛋饼

乳蛋饼（Quiche）来源于法国和德国的边境地区阿尔萨斯。是往面团上放鸡蛋、牛奶、鲜奶油以及蔬菜制作而成的可代替主食食用的一种派。很久以前第一次吃到乳蛋饼时感觉比较油腻，现在反而一次能吃很多个，是一种非常“人气”的派。

◆◇

2人份
时间：35分钟

可代替食材
高筋面粉▶中筋面粉

面团材料
高筋面粉 125g
盐 2g
黄油 55g
蛋黄 1个
水 1勺
西芹粉 少量

内馅材料
圣女果 100g（6~7个）
西兰花 1/4朵
火腿（罐头装）1/6盒
牛奶 1/2杯
鲜奶油 1/2杯

鸡蛋 1个
盐、胡椒粉 少量
马苏里拉奶酪 1/2杯
片状芝士 1片

❶将高筋面粉、盐、黄油、蛋黄和水1勺混合，和面成球状，放入保鲜袋后放进冰箱，让面醒1小时左右。

❷将发醒了的面团，按照蛋挞模具的大小，擀成0.2cm厚度的饼，在180℃的烤箱中烘烤10分钟。

❸将圣女果对半切开，西兰花焯一下，过凉水，切成适当大小，火腿切成薄片。

❹搅拌好牛奶1/2杯、鲜奶油1/2杯和鸡蛋1个后，再撒点盐和胡椒粉。

❺往烤完的饼上放准备好的材料，均匀撒上步骤❹制作出的调料，之后放马苏里拉奶酪和片状芝士。

❻在170℃的烤箱中烘烤25~30分钟，撒上西芹粉。

千层面

千层面在多种意大利面中属于又薄又宽的一种面。所以不像别的意大利面似的需要拌着吃，而是需要在面中间层层地放上酱汁。在以前只有少数人了解意大利面的时代，我一般会在西餐厅点千层面，来彰显自己的优越。但现在在家也可以做出这道特别的料理。

小贴士：
可以用高筋粉1杯、鸡蛋1个和橄榄油1~2勺来和面，将面皮擀得薄薄的，做千层面。

2人份
时间：35分钟

材料
千层面 3张
盐 少量
番茄酱 1杯
马苏里拉奶酪 1/2杯
帕玛森芝士 少量
西芹粉 少量

白色酱汁材料
黄油 1勺
面粉 1.5勺
牛奶 2/3杯
盐、胡椒粉 少量

❶煮开水，放入盐和千层面，煮6分钟，之后不要过凉水，直接捞出。

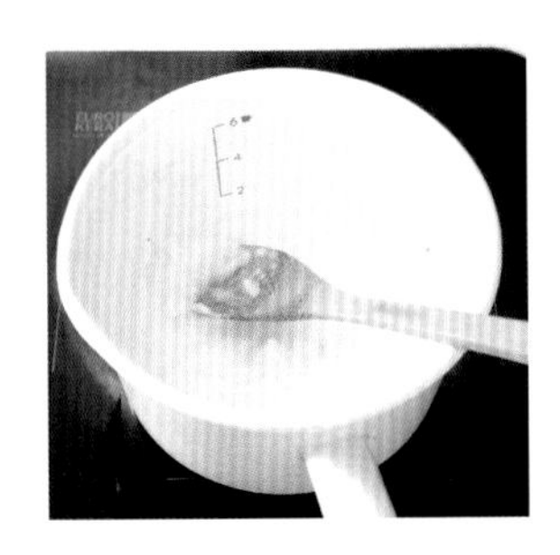

❷做白色酱汁。往锅里放入黄油1勺和面粉1.5勺，在小火状态下炒一会儿，之后放入牛奶2/3杯，搅拌至没有结块为止，最后撒一点盐和胡椒粉。

❸烤碗中先薄薄地抹一层番茄酱，再放上白色酱汁。

❹之后放千层面，反复几次交替着放面和酱汁，最后撒上马苏里拉奶酪。

如果没有适当的容器的话，可以用银箔纸做成的一次性饭盒。

❺在预热至200℃的烤箱中，烧烤10分钟，之后撒上帕玛森芝士和西芹粉。

蒜味面包

2人份
时间：20分钟

材料
棒状面包 1/2个

蒜末黄油材料
黄油 4勺
蒜末 2勺
西芹末 1勺
白糖 0.5勺
牛至 少量

小贴士：
根据面包的量，可以增加或减少烘烤时间。牛至花是一种白色的或粉色的可食用的香草。叶子比较柔软，主要适用于沙拉或意大利面。但是如果过多地放入牛至，料理的香味和味道容易被它掩盖住，所以需要适当加入。

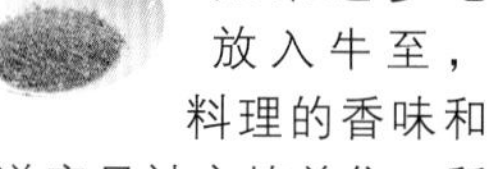

❶棒状面包斜切成1cm厚度的大小。

需要提前将黄油放置于常温，融化了之后加进去。

❷混合黄油4勺、蒜末2勺、西芹末1勺、白糖0.5勺和少量的牛至。

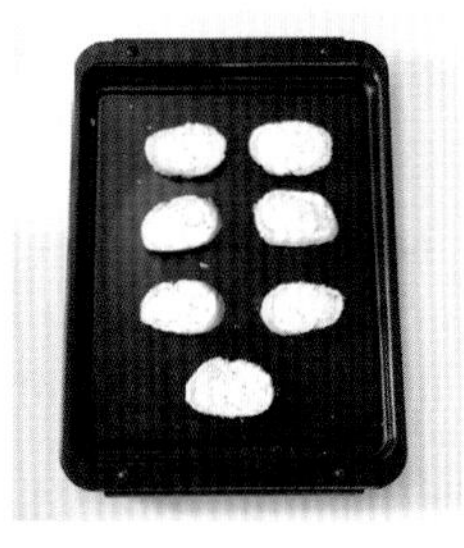

❸往面包的一面上，均匀地涂抹蒜末黄油。

❹预热至200℃的烤箱中烘烤8~10分钟。

玉米饼比萨

2人份
时间：10分钟

材料
甜椒 1/4个
黑橄榄 2个
玉米饼 2张
番茄酱 1/4杯
洋葱末 2勺
玉米（罐头装）2勺
马苏里拉奶酪 1/2杯
盐、胡椒粉 少量
食用油 少量

❶甜椒切成玉米粒大小，黑橄榄切片备用。

❷往玉米饼上均匀涂抹番茄酱，放上甜椒、黑橄榄、洋葱末和玉米，最后撒马苏里拉奶酪。

❸烤盘中放上玉米饼后，在预热至230℃烤箱中烘烤7分钟。

面包比萨

如果家里有烤箱，最容易做的料理就是比萨。用发酵的面粉饼、薄的玉米饼、棒状面包、切片面包还有饼，都可做成比萨饼，既美味又丰富多样。软软的比萨饼加上要流淌下来的香香的馅，估计没有比烤箱还能把比萨烤得这么好的工具了。

2人份
时间：30分钟

可代替食材
牛至▶罗勒

材料
棒状面包 1/2个
圣女果 4个
杏鲍菇 1个
甜椒 1/2个
洋葱 1/4个
辣椒 1个
食用油 少量
盐、胡椒粉 少量
牛肉末 100g

番茄酱 1/4杯
条形打糕 1杯
马苏里拉奶酪 1杯

牛肉腌制材料
酱油 1勺
白糖 0.3勺
葱末 1勺
蒜末 0.5勺
胡椒粉 少量

番茄酱汁材料
番茄（罐头装） 1个
橄榄油 2勺
蒜末 2勺
洋葱末 1/2个
牛至 少量
白糖 少量
盐、胡椒粉 少量

❶做番茄酱汁。用手挤碎番茄，然后往锅里放入橄榄油2勺、蒜末2勺和洋葱末1/2勺，开中火炒5分钟。

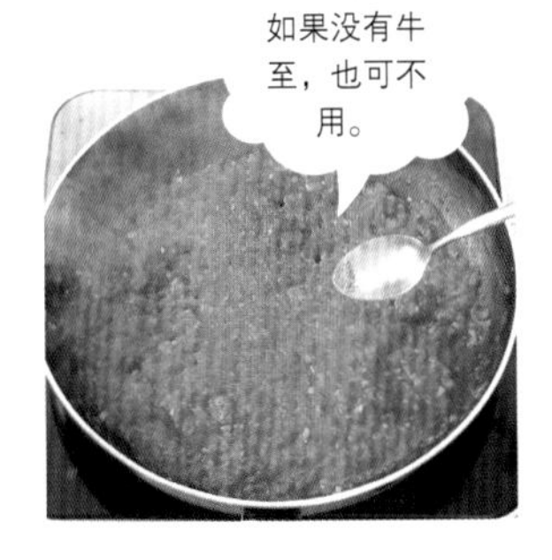

❷大火煮碾碎的番茄，开始沸腾后，转小火，加入少量的牛至、白糖、盐和胡椒粉后，继续煮10分钟。

❸将面包对半切开，均匀涂抹步骤❷的番茄酱汁。

❹将圣女果对半切开。杏鲍菇、甜椒和洋葱剁碎，辣椒切成小块，往锅里放油，倒入并翻炒，加入盐和胡椒粉调味。

❺用酱油1勺、白糖0.3勺、葱末1勺、蒜末0.5勺和少量的胡椒粉腌制牛肉，之后倒入锅里翻炒，放凉备用。

❻烤盘中铺上烧烤纸，往涂抹酱汁了的面包或条形打糕上放牛肉、圣女果和炒过的蘑菇和蔬菜，再撒上马苏里拉奶酪，在预热至200℃烤箱中烘烤7~8分钟。

面包蔬菜派

2人份
时间：20分钟

材料
棒状面包 1/2个
洋葱 1/4个
甜椒 1/4个
辣椒 1个
食用油 少量
烤豆（罐头装）1/2杯
番茄酱 3勺
马苏里拉奶酪 1/2杯
盐、胡椒粉 少量

小贴士：
可以将挖出来的面包做成面包布丁，或做成面包屑。

❶将棒状面包对半切开，挖出里面的面包。

❷切碎洋葱、甜椒和辣椒。

❸锅里倒入油，先翻炒洋葱、甜椒和辣椒，之后放入烤豆继续翻炒5分钟，添加番茄酱，用盐和胡椒粉调味。

❹用炒过的蔬菜填满面包中心，撒上马苏里拉奶酪，在200℃的烤箱中烘烤5~7分钟。

法式脆先生&脆女士三明治

2人份
时间：25分钟

材料
切片面包 4片
火腿片 2张
片状芝士 2张
马苏里拉奶酪 1/2杯
鸡蛋 1个
盐、胡椒粉 少量
食用油 少量

白色酱汁材料
洋葱 1/4个
黄油 1勺
面粉 1.5勺
牛奶 1杯
盐、胡椒粉 少量

小贴士：
法式脆先生（Croque-Monsieur）是指在加了火腿的三明治上加芝士烘烤而成的，表示“香脆”意义的croque和表示“先生”意义的monsieur组成的单词。相传以前矿场工人们在暖炉上加热凉了的三明治而由来的。法式脆女士（Croque-Madame）是往法式脆先生三明治上加了荷包蛋的一种三明治，它的名字来源于像是女士戴了帽子的样子，所以称之为法式脆女士三明治。

❶白色酱汁材料中要使用的洋葱，切丝备用。

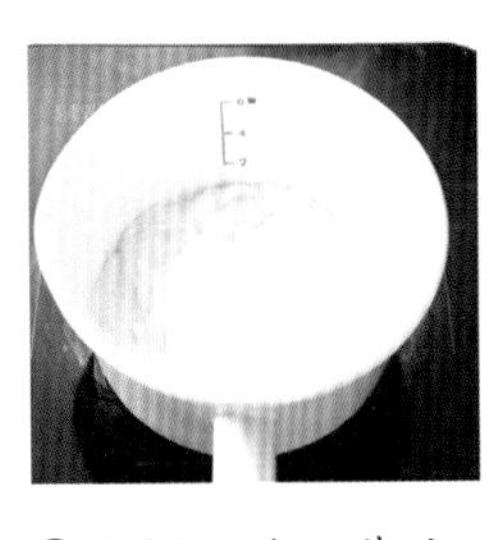

❷往锅里放入黄油1勺、洋葱丝和面粉1.5勺，在小火状态下炒一会儿，之后放入牛奶1杯，搅拌至没有结块为止，最后撒一点盐和胡椒粉。

❸往面包上放火腿片和马苏里拉奶酪，再放面包片，之后均匀涂抹白色酱汁，然后再放马苏里拉奶酪，在220℃烤箱中烘烤5~7分钟。

❹煎荷包蛋，放在法式脆女士三明治上。

核桃牛肉汉堡三明治

汉堡是往面包中间夹肉饼与蔬菜。听说美国的汉堡店有各种不同种类的汉堡，例如蔬菜汉堡、夹两张或三张肉饼的特大汉堡、没有面包只有肉饼和蔬菜的无面包汉堡。可以按照材料的不同，做成味道和模样都不同的有个性的汉堡。而且面包和肉饼都可以根据自己的喜好来挑选，做成只属于自己的汉堡。

2人份
时间：35分钟

材料
西生菜 2张
番茄 1/2个
牛肉末 150g
碎核桃 1勺
面包屑 2勺
热狗面包 2个
黄芥末酱 2勺
盐、胡椒粉 少量

牛肉腌制材料
洋葱 1/8个
酱油 2勺
白糖 1勺
蒜末 0.5勺
香油 0.5勺
清酒 1勺
胡椒粉 少量

可代替食材
热狗面包▶汉堡坯
西生菜▶生菜、卷心菜

往番茄上撒点盐的话，会更甜哦。

❶洋葱剁碎，西生菜切成适当大小，番茄切片备用。

❷搅拌好牛肉、洋葱末、酱油2勺、白糖1勺、蒜末0.5勺、香油0.5勺、清酒1勺和少量的胡椒粉，之后再混合核桃碎1勺和面包屑2勺。

❸将腌制好的牛肉，捏成热狗面包式的长条形。烤盘中铺上烧烤纸或锡纸，之后放上烤架，最后放上牛肉，在220℃的烤箱中烘烤10分钟。

洗完西生菜后，需要放到洗碗巾上，沥干水，否则面包会潮。

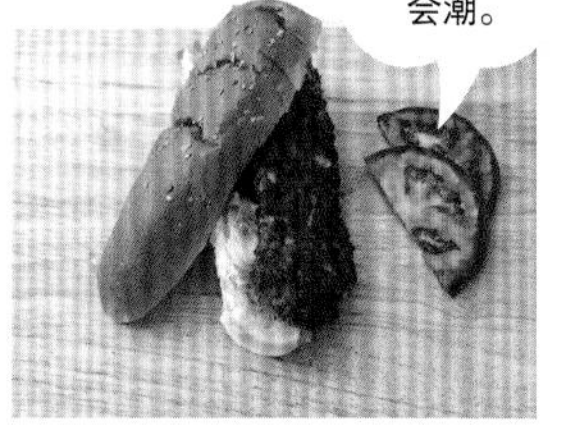

❹往热狗面包上涂黄芥末酱，之后放入西生菜、烤牛肉和番茄，制作三明治。

零食

日式照烧酱鸡肉汉堡

◆◇◆◇◆◇◆◇◆◇◆◇◆

2人份
时间：30分钟

材料
鸡胸脯肉 1块
日式照烧酱 3勺
西生菜 2张
番茄 1/2个
洋葱 1/4个
汉堡坯 2个
沙拉酱 2勺
片状芝士 2片

可代替食材
日式照烧酱▶烤肉酱

小贴士：
如果鸡胸脯肉腌制太长时间，容易流失水分，肉质变老，影响口感。

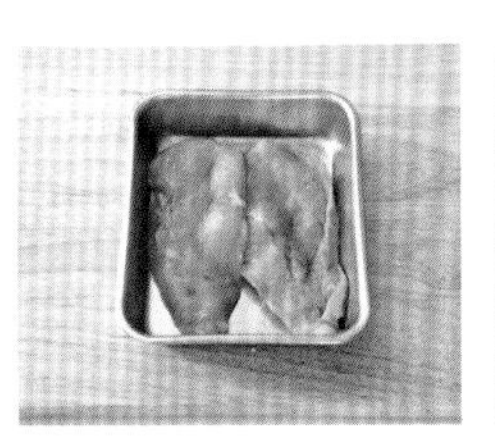

❶将日式照烧酱2勺涂抹在鸡胸脯肉上，腌制10分钟。

❷将西生菜掰成适当大小，番茄和洋葱切片备用。

❸烤盘中放上烤架后，放入鸡胸脯肉，在200℃的烤箱中烘烤10分钟。

❹汉堡坯上抹完沙拉酱后，放上西生菜、番茄、鸡胸脯肉和洋葱，之后撒上剩下的日式照烧酱1勺，再放片状芝士即可。

猪排三明治

2人份
时间：30分钟

材料
猪肉（外脊）2块
面包屑 1杯
食用油 4勺
面粉 1/4杯
鸡蛋 1个
猪排酱 1/4杯
切片面包 4片

猪肉腌制调料
盐、胡椒粉 少量

可代替食材
猪外脊▶猪里脊、鸡胸脯肉

小贴士：
如果使用干的面包屑，可以用水稍微喷湿点，这样炸出来的料理也会比较嫩一些。

❶准备外脊部位的厚厚的猪肉，稍微撒点盐和胡椒粉调味，面包屑里加点食用油，稍微湿点即可。

❷腌制好的猪肉依次裹上面粉、鸡蛋和面包屑，然后用手按压猪肉，以防面包屑脱落。

❸烤盘中铺上烧烤纸或锡纸后，放上烤架，之后放入猪排，在预热至180℃烤箱中烘烤15分钟。

❹面包片上均匀涂抹猪排酱后，放猪排，再涂抹猪排酱，然后用另一个面包片盖住，切成适当大小即可。

番茄芝士三明治

◆◇◆◇◆◇◆◇◆◇◆◇◆

2人份
时间：10分钟

材料
番茄 1个
盐、胡椒粉 少量
马苏里拉奶酪（块状）100g
切片面包 2片
青蒜酱 2勺

小贴士：
青蒜酱是用搅拌机将罗勒、松子、蒜和橄榄油搅拌在一起，加入盐和胡椒粉调味而成的。如果没有青蒜酱，也可以涂抹番茄酱或黄芥末酱。

❶番茄切片后，放在洗碗巾上，用盐和胡椒粉调味。

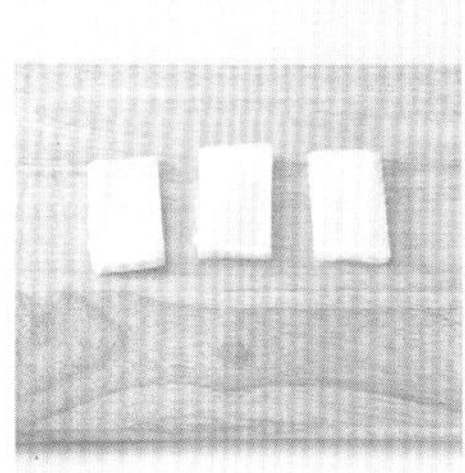

❷将马苏里拉奶酪切成与番茄片一样的大小。

❸切片面包上涂抹青蒜酱，之后交替顺序放番茄和马苏里拉奶酪。

❹在预热至200℃的烤箱中烘烤5分钟。

腌鲅鱼三明治

2人份
时间：25分钟

材料
腌鲅鱼 1只
料酒 1勺
洋葱 1/4个
番茄 1/2个
西生菜 2张
棒状面包 1/2个
碎黄瓜腌菜 1勺

酱调料
辣椒酱 2勺
酸梅汁 1勺
蒜粉 0.3勺

小贴士：
如果用刀切圆生菜，容易破坏它的营养成分，而且切的位置容易变色，所以请用手掰。

在没有烧烤功能时，需要在250℃烤箱中烘烤10分钟。

❶处理好腌鲅鱼之后，洒上料酒1勺，使用烤箱的烧烤功能烤10分钟。

❷洋葱切丝后，泡在凉水里，之后沥水备用，番茄切片。

❸洗干净西生菜后，用手掰成适当的大小。

涂抹完酱汁后，剩下的可以洒在鲅鱼上。

❹按照图片，将棒状面包对半切开，混合好辣椒酱2勺、酸梅汁1勺和大蒜粉0.3勺后，将酱汁涂抹在面包上。之后放烤好的鲅鱼、蔬菜和剁碎的黄瓜腌菜，最后用面包盖上，切成适当大小。

两款法式丸子

法式丸子在传到日本后，它的味道和形状都发生了变化，连名字也改了。像这种碾碎完土豆和地瓜后，裹一层面粉，炸出来的其实也叫法式丸子。但为什么总感觉叫它日式丸子会更好吃呢？有可能是因为这个是从日本传过来的原因吧。

2人份
时间：40分钟

材料
土豆 1个
地瓜 1个
黄油 1勺
西芹粉 0.3勺
盐 少量
芝士卷 1条

面包屑 1杯
食用油 3勺
面粉 1/4杯
鸡蛋 1个

可代替食材
芝士卷▶片状芝士

❶用水洗净带皮的土豆和地瓜后，在烤箱中烘烤25~30分钟，烤至完全熟了之后，剥皮碾碎。

❷将黄油1勺、西芹粉0.3勺和少量的盐，分成一半，分别加入到碾碎的土豆和地瓜之中。

❸芝士卷切成1cm大小。

❹面包屑中混合食用油0.3勺。

❺往土豆和地瓜之中放入芝士卷，包成团状，之后依次裹面粉、鸡蛋和面包屑。

❻在预热至230℃烤箱中烘烤15分钟。

鸡肉饼

◆◇◆◇◆◇◆◇◆◇◆◇◆

2人份
时间：20分钟

材料
鸡肉（里脊）2块
洋葱 1/6个
彩椒 1/4个
番茄 1/2个
食用油 少量
盐、胡椒粉 少量
玉米饼 2张
马苏里拉奶酪 1/2杯

可代替食材
鸡里脊肉▶虾肉、鱿鱼

小贴士：
在冷冻室保管玉米饼时，需要等到完全解冻后再一张一张撕开，否则容易碎。而且要装在拉链袋里，然后放置在冷冻室的平坦的位置，这样玉米饼才能保持原来的模样。

❶准备里脊部位的鸡肉，切成1cm大小，洋葱、彩椒和番茄也是切成1cm大小。

❷锅里放入少量的食用油，先炒鸡肉，等到差不多熟了后加入洋葱和甜椒翻炒，用盐和胡椒粉调味，最后再放番茄，快速翻炒后关火。

❸玉米饼上放鸡肉和蔬菜，撒上马苏里拉奶酪，然后对折。

❹在预热至220℃的烤箱中烘烤5分钟。

◆◇◆◇◆◇◆◇◆◇◆◇◆

1人份
时间：20分钟

材料
面包（3cm厚度）1块
黄油 3勺
枫糖浆 2勺
鲜奶油 1/2杯
糖霜 少量
杏仁片 少量

可代替食材
枫糖浆▶蜂蜜、糖稀

小贴士：
请购买一整块的蜂蜜面包，然后切成适当厚度使用。如果没有一整块的，也可购买早餐包或英式马芬。

蜂蜜面包

❶在面包上切出横向和纵向的花纹。

❷将黄油放到微波炉里加热20秒左右使之融化，之后与枫糖浆混合搅拌。

❸面包上均匀涂抹步骤❷制作的材料后，在预热至180℃烤箱中烘烤5~7分钟，烤成金黄色。

❹将鲜奶油打出泡沫，挤在面包上，之后撒糖霜和杏仁片。

法式吐司

◆◇◆◇◆◇◆◇◆◇◆◇◆

1人份
时间：25分钟

材料
面包（3cm厚度）1块
香蕉 1个
鸡蛋 1个
牛奶 1/4杯
白糖 1勺
盐 少量
玉米片 1杯

可代替食材
香蕉▶芝士

小贴士：
将玉米片放在塑料袋里，稍微捏碎，这样更容易沾在面包上。

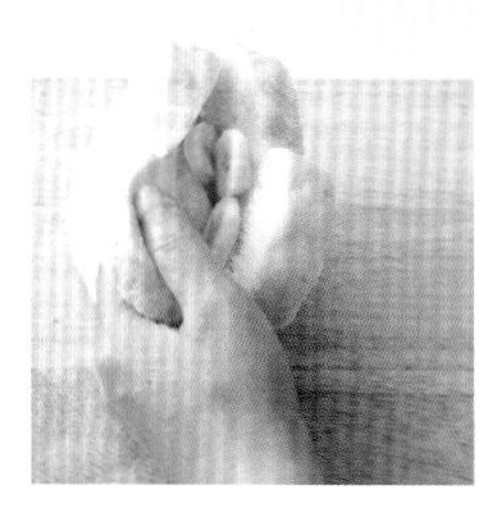

❶将面包的中间划开一个口子，做成口袋的样子，然后将切成扁片的香蕉放入面包中间。

❷搅拌好鸡蛋和牛奶后，加入白糖，用盐调味。

❸将面包全部沾上步骤❷的鸡蛋牛奶液后，上下面都沾上玉米片。

❹在预热至180℃烤箱中烘烤8~10分钟，烤成金黄色。

面包布丁

2人份
时间：30分钟

材料
棒状面包 1/4个
鸡蛋 2个
盐 少量
牛奶 2/3杯
蜂蜜 2.5勺
桂皮粉 少量
蔓越莓 1勺

可代替食材
棒状面包▶面包、早餐包

❶将棒状面包切成适当大小。

❷盆里放入鸡蛋和盐，用搅拌机搅拌，之后混合牛奶、蜂蜜和桂皮粉。

❸将面包和蔓越莓放入鸡蛋液之中，泡5分钟。

❹在预热至200℃烤箱中烘烤20分钟，再用锡纸盖住后，继续烘烤10分钟。

南瓜布丁

2人份
时间：30分钟

材料
南瓜 1/4个
鱼胶片 2张
牛奶 1/4杯
鲜奶油 1/2杯
白糖 2勺
盐 少量

可代替食材
南瓜▶地瓜

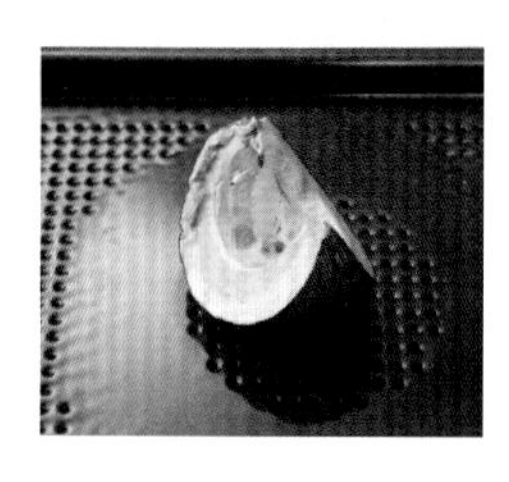

❶将南瓜挖出子后，在预热至200℃烤箱中烘烤15~20分钟，烤熟后剥皮碾碎。

❷碾碎的南瓜加上牛奶混合后，过滤一下，之后加入白糖2勺和少量的盐。

❸将鱼胶片泡在凉水中，等泡软后，放入微波炉里加热10秒，融化了之后与步骤❷混合。

❹将鲜奶油打发后，与步骤❸混合，之后装到碗里，放在冰箱冷藏。

面包边角料坚果脆饼干

2人份
时间：30分钟

材料
坚果类（花生、杏仁等）1/4杯
面包边角料 4片的量
白糖 3勺
桂皮粉 1勺

黄油糖水材料
黄油 3勺
白糖 1勺

可代替食材
坚果类▶黑芝麻、芝麻

小贴士：
做完三明治后，不要扔掉面包的边角料，可以做成坚果脆饼干。可以用海绵蛋糕代替面包。

❶准备花生和杏仁等坚果，剁碎即可。

❷将黄油3勺放入微波炉里加热30秒左右，等融化后与白糖1勺混合搅拌。

❸将面包边角料的一面都涂上步骤❷的黄油糖水，烤盘中铺上烧烤纸或锡纸后，把边角料放上去，之后撒上白糖3勺和桂皮粉1勺混合好的调料，再撒坚果即可。

❹在预热至180℃烤箱中烘烤10~15分钟。

蒜味虾饼干

◆◇◆◇◆◇◆◇◆◇◆◇◆

6人份
时间：25分钟

材料
低筋面粉 120g
盐 0.3勺
蒜粉 1勺
黄油 3勺
小虾米 1/2杯
牛奶 1/4杯

可代替食材
低筋面粉▶中筋面粉

小贴士：
如果虾米比较潮，可以在锅里不放油翻炒后使用，或者在200℃烤箱中烘烤3~4分钟，烤得脆脆的，这样也会减少腥味。

❶混合低筋面粉和盐0.3勺后，过筛，再加入蒜粉1勺。

❷将黄油3勺放置在常温下，等到变软之后放入❶里，像和面似的搅拌好。

❸加入小虾米和牛奶后和面，直至能成团状为止，然后捏成长条的棒状，套上保鲜膜后，放入冰箱冷冻。

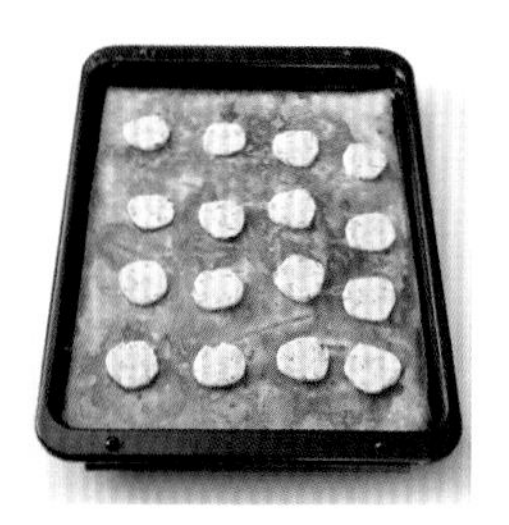

❹将冷冻好的面团切成0.2~0.3cm厚度的薄片。烤盘中铺上烧烤纸或锡纸后，将饼干稍微隔开间隔地放上去，在预热至170℃烤箱中烘烤10分钟。

烤芝士土豆饼

2人份
时间：20分钟

材料

玉米（罐头装）2勺
洋葱 1/6个
胡萝卜 少量
辣椒 2个
杏鲍菇 1/2个
食用油 少量
番茄酱 1/4杯
辣椒粉 1勺
盐、胡椒粉 少量
炸土豆饼 4个
马苏里拉奶酪 1/4杯
西芹粉 少量

可代替食材

细辣椒粉▶辣椒酱

❶将洋葱、胡萝卜、辣椒和杏鲍菇切成玉米粒大小。

❷锅里倒入食用油之后，先翻炒洋葱、胡萝卜和杏鲍菇，之后加入番茄酱和细辣椒粉继续翻炒，接着放辣椒和玉米继续翻炒，最后用盐和胡椒粉调味。

可以在大型超市的冷冻区域购买到炸土豆饼。

❸烤盘中铺上烧烤纸或锡纸后，放上炸土豆饼。

❹往炸土豆饼上放步骤❷后，撒上马苏里拉奶酪，在180℃的烤箱中烘烤8~10分钟，最后撒点西芹粉即可。

烤土豆皮

◆◇◆◇◆◇◆◇◆◇◆◇◆

2人份
时间：40分钟

材料
土豆 2个
培根 2条
洋葱 1/6个
盐、胡椒粉 少量
片状芝士 2张
西芹粉 少量
酸奶油 1/4杯

可代替食材
酸奶油▶酸奶

❶洗净土豆后对半切开，在200℃的烤箱中烘烤25~30分钟，烤熟后挖出内瓤并碾碎。

❷切碎培根和洋葱后放入锅里翻炒，用盐和胡椒粉调味。

❸混合碾碎的土豆和炒好的培根与洋葱，再放入到挖出内瓤的土豆皮里。

❹片状芝士是在带皮状态下用刀刻出花纹，之后撒在土豆上面。在200℃烤箱中烘烤10分钟，撒上西芹粉，搭配酸奶油食用即可。

◆◇◆◇◆◇◆◇◆◇◆◇◆

2人份
时间：10分钟

材料
玉米（罐头装）1个
彩椒 1/4个
沙拉酱 2勺
盐、胡椒粉 少量
马苏里拉奶酪 1/4杯

可代替食材
彩椒▶番茄

小贴士：
如果不用罐头装的玉米，也可以将玉米掰成小粒，在盐水中煮即可。还可以与葡萄干、蔓越莓和蓝莓等水果干一起混合食用。

玉米芝士

零食

❶将玉米过滤掉水，彩椒切成玉米粒的大小。

❷混合好玉米和彩椒后，用沙拉酱2勺和少量的盐与胡椒粉调味。

❸往烤箱容器里放入玉米和彩椒后，撒上马苏里拉奶酪，在200℃烤箱中烘烤5~7分钟。

Special Recipes

百变烤箱的活用食谱

烤箱的多种功能，让我对其爱不释手。
狭窄的厨房空间，没有多余的地方放其他家用电器，
只要一个烤箱，就可以实现多种厨房电器的功能。
食材干燥功能，可以将水果、蔬菜烘干保存。
发酵功能，可以发酵面粉，也可以制作酸奶、米露。
蒸汽功能，可以制作表面涂抹酱料的烧烤料理，
也可以制作非油炸料理。

食材干燥功能

营养蔬菜干

◆◇◆◇◆◇◆◇◆◇◆◇◆

时间：25分钟

材料

角瓜、茄子、萝卜适量
多种蘑菇适量

小贴士：

在制作蔬菜干的时候，烤箱内温度应保持60℃，如果温度太高，蔬菜会被烤糊，因此要注意。烘干后的蔬菜，需要完全晾凉后，再装进密封容器内保存。

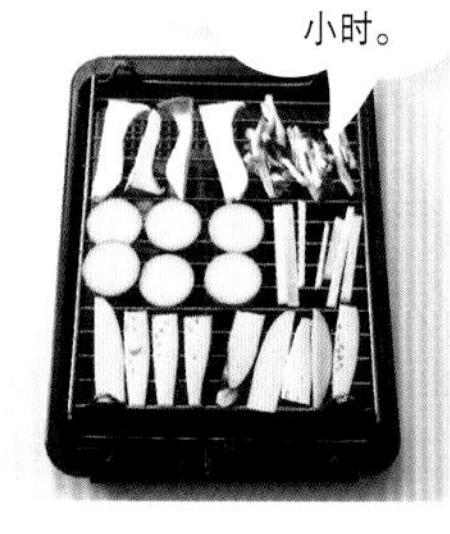

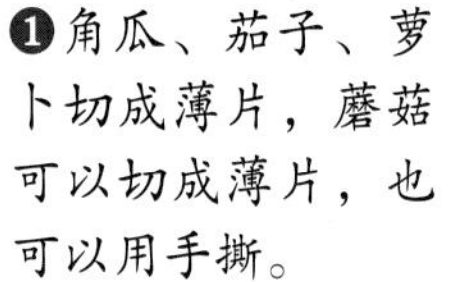

❶角瓜、茄子、萝卜切成薄片，蘑菇可以切成薄片，也可以用手撕。

❷烤盘内放烤架，再把蔬菜与蘑菇放上，利用烤箱的食品干燥功能，烘干食材。

炒角瓜干

◆◇◆◇◆◇

2人份
时间：10分钟

材料
角瓜干20g、白苏油1勺、盐和胡椒粉少许

❶角瓜干泡在水里，捞出后沥干。
❷热锅后，倒入白苏油，再放入角瓜干，中火炒3分钟，最后加少许盐和胡椒粉调味。

拌萝卜干

◆◇◆◇◆◇

2人份
时间：10分钟

材料
萝卜干50g，小葱5根

调料
酱油1勺，辣椒面2勺，辣椒酱1勺，芝麻1勺，糖稀2勺，料酒1勺，香油少许

❶萝卜干泡在水里，简单清洗，把水倒掉。
❷萝卜干内加入酱油1勺、辣椒面2勺、辣椒酱1勺、芝麻1勺、糖稀2勺、料酒1勺、香油少许搅拌均匀。

酱茄子干

◆◇◆◇◆◇

2人份
时间：15分钟

材料
茄子干 20g，白苏油 1勺

酱料
酱油1勺、糖稀1勺、水3勺

❶茄子干浸泡5分钟。
❷热锅后，倒入白苏油，再放入茄子干，最后加酱油1勺、糖稀1勺、水3勺，用中火煮5分钟。

苹果干与拌苹果干

◆◇◆◇◆◇◆◇◆◇◆◇◆

苹果干

2人份

时间：25分钟

材料

苹果 1个

水 1杯

白糖 1勺

拌苹果干

2人份

时间：10分钟

材料

苹果干 20g

调料

辣椒粉 0.3勺

海鲜汁 0.3勺

糖稀 0.7勺

芝麻 0.3勺

白糖 0.3勺

盐 适量

苹果干

❶苹果带皮切成薄片，1杯水兑1勺白糖的比例调制糖水，苹果在糖水中浸泡1分钟，然后取出。

❷烤箱内放烤盘，然后放上苹果，使用食品烘干功能将苹果片烤干。

拌苹果干

❶辣椒粉0.3勺、海鲜汁0.3勺、糖稀0.7勺、芝麻0.3勺、白糖0.3勺、盐适量搅拌均匀。

❷碗中放入苹果干和调料，搅拌均匀。

食材干燥功能

肉脯

◆◇◆◇◆◇◆◇◆◇◆◇◆

4人份
制作时间：20分钟（烘干时间3~4小时）

材料
牛肉（里脊）600g

调料
酱油 4勺
白糖 1勺
糖稀 1勺
清酒 1勺
细辣椒面 0.3勺
香油 2勺
蒜汁 1勺

切肉时，切成宽而薄的肉片。

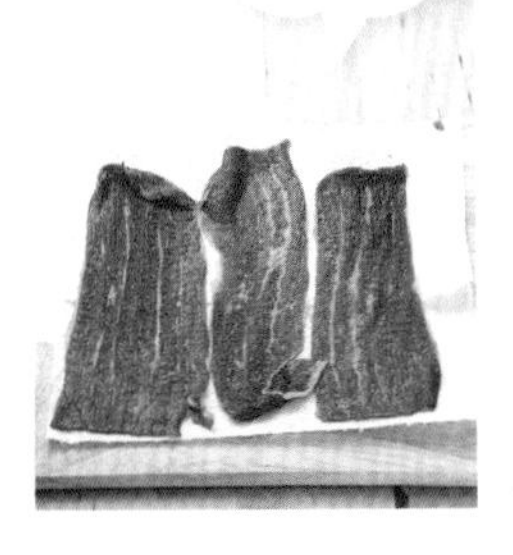

❶牛肉要选择含油量少的里脊，切成薄片。

❷酱油4勺、白糖1勺、糖稀1勺、清酒1勺、细辣椒面0.3勺、香油2勺、蒜汁1勺搅拌均匀。

❸牛肉中倒入调料，搅拌均匀。

❹牛肉每条都在烤盘上铺平，用食材烘干功能烤成肉脯。

南瓜
甜米露

◆◇◆◇◆◇◆◇◆◇◆◇◆

10人份
时间：40分钟（发酵6小时）

材料
麦芽酵母 250g
水 20杯
南瓜 1/3个
凉米饭 1碗
白糖 1杯
生姜 1块

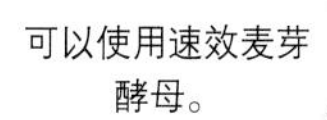

❶麦芽酵母中倒入10杯水，浸泡20分钟，轻轻揉搓，将水倒出。再倒入10杯水，轻轻揉搓，倒出水，使麦芽酵母下沉。

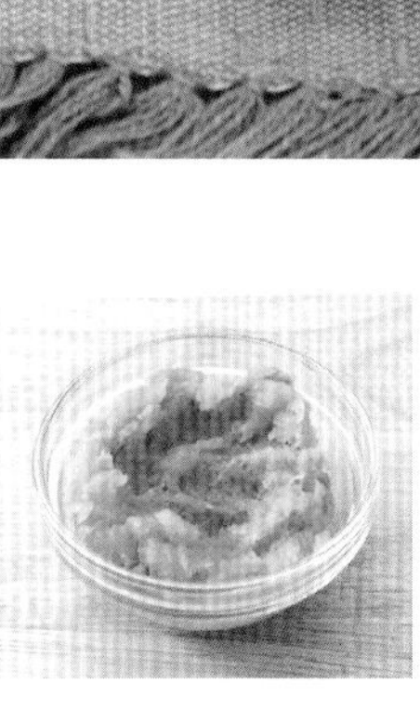

❷南瓜去皮，在250℃的烤箱中烤20~25分钟，或者在微波炉中打5分钟，然后做成南瓜泥。

❸捞出步骤❶中下沉的麦芽酵母，倒入装有南瓜和凉饭的容器中，用烤箱的发酵功能发酵。

❹烘烤6小时后，如果有饭粒浮在水面，即可取出，倒入锅中，明火煮开，可以放些糖调成甜味，再放入生姜片，继续煮3分钟。

自制酸奶

◆◇◆◇◆◇◆◇◆◇◆◇◆◇◆◇◆

8人份
时间：25分钟（发酵时间 4小时）

材料
牛奶 1L
超市卖的酸奶 1杯（180g）

小贴士：
牛奶发酵时所需要的温度是40℃，如果使用太凉的牛奶，还需要将牛奶温度加热到40℃，需要时间，因此制作酸奶的时间也会随之变长。

❶牛奶放进微波炉中打2分钟。

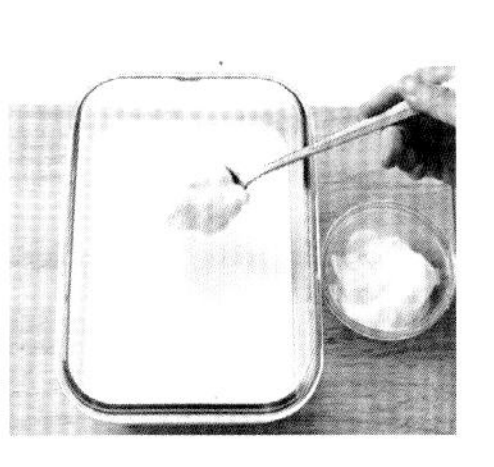

❷牛奶中倒入酸奶，使用烤箱的发酵功能发酵。

Special Recipe

自制酸奶食谱

酸奶沙拉
沙拉用蔬菜中加一些坚果，再倒入自制酸奶。可以根据自己的喜好，加一些柠檬汁、醋、蜂蜜，会更好吃。

烤酸奶虾
适量的咖喱粉倒入酸奶中搅拌均匀，再将去头去皮的虾腌制在酸奶中10分钟，然后取出虾在烤箱中烤，最后撒上少许的西芹粉。

烤香辣鲅鱼

◆◇◆◇◆◇◆◇◆◇◆◇◆

2人份
时间：25分钟

材料
鲅鱼 1条
大葱（白色的部分）1根

调料
辣椒酱 2勺
辣椒粉 1勺
酱油 1勺
料酒 1勺
白糖 0.3勺
蒜末 0.5勺
生姜粉 少许
胡椒粉 少许

❶鲅鱼用水清洗干净，再用洗碗巾将多余水分擦干，然后在鱼皮上开几刀。

❷烤盘内铺上洗碗巾，多喷一些水，将鱼放在烤架上，在预热至230℃的烤箱中烤10分钟。

❸辣椒酱2勺、辣椒粉1勺、酱油1勺、料酒1勺、白糖0.3勺、蒜末0.5勺、少量的生姜粉和胡椒粉搅拌均匀，将调料均匀抹在鲅鱼表面，在200℃的烤箱中烤5~8分钟。

❹大葱切丝，放在烤好的鱼上。

蒸汽功能

香辣烤明太鱼

小贴士：
蒸汽烤箱是通过高温产生的水蒸气迅速烘烤的原理，实现食材的外焦里嫩的口感。香辣明太鱼的表面有很多调料，使用普通烤箱容易被烤煳，如果家中的烤箱中有蒸汽烤箱的功能，就可以用此功能，将明太鱼烤得外焦里嫩。

◆◇◆◇◆◇◆◇◆◇◆◇◆

2人份
时间：25分钟

材料
明太鱼 1条
小葱末 1勺
芝麻 少量

调料
辣椒酱 1.5勺
辣椒粉 0.5勺
酱油 1勺
白糖 1勺
糖稀 0.5勺
蒜末 1勺
生姜汁 少量
清酒 0.5勺
香油 0.5勺

明太鱼浸泡太长时间，不仅会除掉鱼的鲜味，鱼肉也容易变散。

❶用水清洗明太鱼，再去头、去鱼鳍，然后将明太鱼浸泡在水中，水要刚刚没过鱼皮。

❷辣椒酱1.5勺、辣椒粉0.5勺、酱油1勺、白糖1勺、糖稀0.5勺、蒜末1勺、生姜汁少量、清酒0.5勺、香油0.5勺，搅拌均匀制成调料。

❸明太鱼挤干，在鱼皮处开几刀，在鱼的前后面均匀涂抹调料。

❹烤盘内铺上锡纸，放上明太鱼，在200℃的烤箱中烤10分钟。烤好的鱼装盘，再撒上葱末和芝麻。

蒸蔬菜

◆◇◆◇◆◇◆◇◆◇◆◇◆

2人份
时间：25分钟

材料
卷心菜 1/6棵
西兰花 1/4棵
甜椒 1/2个

可代替食材
西兰花▶菜花

小贴士：
如果烤箱中没有蒸汽的功能，烤盘内倒水，用锡纸盖上，在180℃的烤箱中烤20分钟。

❶卷心菜、西兰花、甜椒切大块。

❷烤盘内放入蔬菜，在180℃的烤箱中烤20分钟。

蒸汽功能

蒸鱼与蒸螃蟹

2人份
时间：25分钟

蒸鱼所需材料
鱼 1条

调料
酱油 2勺
辣椒面 0.5勺
芝麻盐 少许
小葱末 少许

蒸螃蟹所需材料
螃蟹 2只
辣椒仔 少许

蒸鱼

❶鱼洗净，然后在鱼的身上切几刀。烤盘内铺上烧烤纸或锡纸，鱼放在烤架上，用蒸汽烤箱在160℃的烤箱中烤15~20分钟。

❷酱油2勺、辣椒面0.5勺、芝麻盐和少量葱末做成烤鱼的蘸料。

螃蟹

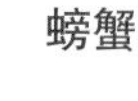

❶用刷子将螃蟹表面刷干净。

蒸螃蟹或虾的时候，配上辣椒仔、酸辣酱会更加美味。

❷螃蟹放在烤盘内，在180℃的蒸汽烤箱中烘烤20分钟，装盘后撒上少许的辣椒仔。

烤鱿鱼干与烤马面鱼脯

◆◇◆◇◆◇◆◇◆◇◆◇◆

2人份
时间：10分钟

材料
鱿鱼干 1条
马面鱼脯 1片

小贴士：
鱿鱼干和马面鱼脯可以蘸沙拉酱配辣根，也可以用沙拉酱配辣椒酱作为蘸料。

烤熟后可以用酱油或辣椒酱为底料简单酱一下，可以去掉海鲜的腥味。

❶鱿鱼干和马面鱼脯应该用清水清洗。

❷烤盘上放烤架，再放上鱿鱼干和马面鱼脯，在预热至250℃的烤箱内烤3~5分钟。

炸鱿鱼圈

◆◇◆◇◆◇◆◇◆◇◆◇◆

2人份
时间：25分钟

材料
鱿鱼 1条
盐、胡椒粉 少许
杏仁 1/2杯
蛋清 1个

小贴士：
如果蛋清掉到杏仁碎内，杏仁碎容易成团，所以不要一次性将所有杏仁碎倒入鱿鱼中。

❶鱿鱼去皮，切成1cm厚度的鱿鱼圈，撒上盐和胡椒粉。

❷杏仁放在塑料袋中，做成杏仁碎。

❸鱿鱼裹一层蛋清，均匀撒上杏仁碎。

❹烤盘内铺上烧烤纸或锡纸，在200℃的烤箱中烤10分钟。

炸猪里脊

◆◇◆◇◆◇◆◇◆◇◆◇◆

2人份
时间：30分钟

材料
猪肉（里脊）1/2块
咖喱粉 2勺
盐、胡椒粉 少量
面粉 1/2杯
鸡蛋 2个

面包渣调料
面包渣 1 1/2杯
食用油 1/4杯

可以将番茄酱、炸猪排酱和咖喱粉搅拌均匀做成蘸料。

❶选择猪里脊肉，切成1cm的厚度，再用刀背在肉的表面敲打，然后撒上少许的盐和胡椒粉。

❷面包渣中倒入食用油，用手搅拌。

❸猪肉上先均匀抹上面粉，然后裹上蛋液后，再均匀撒上面包渣。

❹猪肉放在烤架上，在250℃的烤箱内烘烤15~20分钟，烤至焦黄。

剩余的洋葱可以炒菜的时候再用，请不要浪费食材。

炸洋葱圈

◆◇◆◇◆◇◆◆◇◆◇◆◇◆

2人份
时间：25分钟

材料
洋葱 1个
卡真粉 2勺
酥香炸粉 3勺
鸡蛋 1个
面包渣 1杯
食用油 1/4 杯
食用油 少量

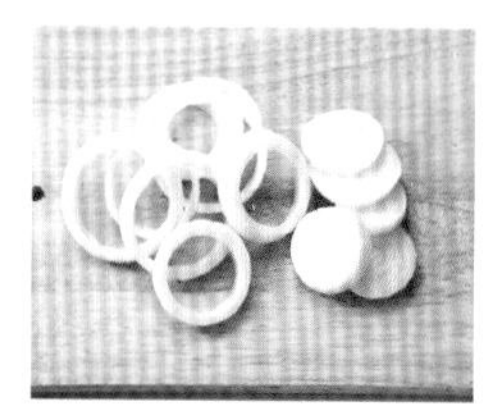

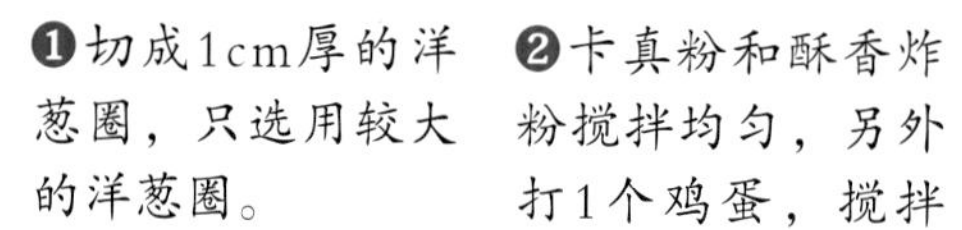

❶切成1cm厚的洋葱圈，只选用较大的洋葱圈。

❷卡真粉和酥香炸粉搅拌均匀，另外打1个鸡蛋，搅拌成鸡蛋液。

❸面包渣内倒入1/4杯的食用油，搅拌均匀。洋葱先抹上步骤❷的粉，再抹上面包渣。

❹烤盘内放上烤架，洋葱放在烤架上，均匀洒上食用油，在230℃的烤箱中烤10分钟。

烤椰蓉虾

2人份
时间：25分钟

材料
虾 8只
盐、胡椒粉 少许
鸡蛋 1个
面粉 2勺
椰蓉 1杯
辣椒仔 适量

小贴士：
吃剩下的油炸食品，也可以利用烤箱重新烤热。烤箱内放烤盘，放上油炸食品，在230℃的烤箱中烤10~12分钟即可。

❶虾去头，去皮，只留尾巴。

❷蛋液中加面粉搅拌均匀，再涂到虾的表面。

❸虾裹一层椰蓉丝。

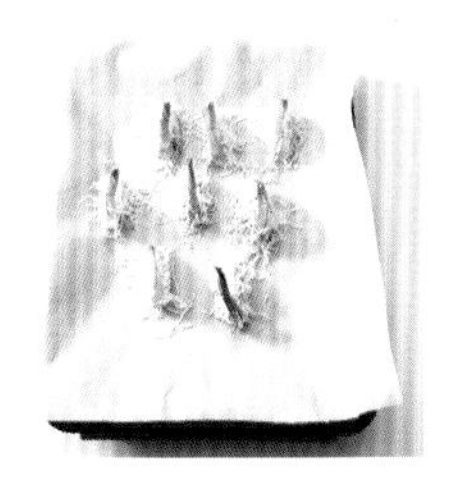

❹烤盘内铺上烧烤纸或锡纸，放入虾。在200℃的烤箱内烤10分钟，取出后再加少量的辣椒仔。

炸鸡肉沙拉

◆◇◆◇◆◇◆◇◆◇◆◇◆

2人份
时间：25分钟

材料
鸡肉（胸脯肉）8块
盐、面粉、胡椒粉 少量
面粉 2勺
鸡蛋 1个

面包渣调料
面包渣 1杯
花生碎 2勺
西芹粉 0.5勺
食用油 4勺

沙拉调料
炸鸡肉 4块
煮鸡蛋 1个
沙拉用蔬菜 150g
沙拉酱（超市有卖） 适量

❶ 鸡胸脯肉上撒上盐、面粉、胡椒粉。面包渣中加入花生碎、西芹粉、食用油，搅拌均匀。

❷ 先将面粉与蛋液搅拌均匀，再将鸡肉放进去，然后捞出后抹上面包渣。

❸ 烤盘内放烤架，鸡肉放到烤架上，在230℃的烤箱中烤10~15分钟。

❹ 沙拉用的蔬菜和鸡蛋切适当的大小装盘，再放上炸鸡肉，最后洒上沙拉酱。